Marquard
Philosophie des Stattdessen

Odo Marquard

Philosophie des Stattdessen

Studien

Philipp Reclam jun. Stuttgart

Franziska und Florian,
den Enkelkindern

Universal-Bibliothek Nr. 18049

Gesamtherstellung: Reclam, Ditzingen. Printed in Germany 2000

ISBN 3-15-018049-X

Inhalt

Vorbemerkung 7

Selbstvorstellung 9

Homo compensator
Zur anthropologischen Karriere eines metaphysischen Begriffs 11

Philosophie des Stattdessen
Einige Aspekte der Kompensationstheorie 30

Das Zeitalter des Ausrangierens und die Kultur des Erinnerns 50

Kompensationstüchtigkeit
Überlegungen zur Unternehmensführung im Jahr 2005 55

Narrare necesse est 60

Zukunft braucht Herkunft
Philosophische Betrachtungen über Modernität und Menschlichkeit 66

Ende der Universalgeschichte?
Philosophische Überlegungen im Anschluß an Schiller 79

Apologie der Bürgerlichkeit 94

Entlastung vom Absoluten
In memoriam Hans Blumenberg 108

Aufklärung mit Wirklichkeitssinn
Zum 70. Geburtstag von Hermann Lübbe 121

Der Philosoph als Schriftsteller
Bemerkungen über Søren Kierkegaard
und Josef Pieper 124

Theoriefähigkeit des Alters 135

Textnachweise 140

Biographische Notiz 142

Veröffentlichungen von Odo Marquard 143

Vorbemerkung

Die Texte dieses Bändchens sind zwischen 1981 und 1999 entstanden. Der Aufsatz »Philosophie des Stattdessen« war bisher unveröffentlicht; die anderen Arbeiten waren verstreut publiziert. Alle vertreten – weiterhin und nun erst recht – eine skeptische Philosophie der menschlichen Endlichkeit. Ihre anthropologische These ist: Menschen sind die, die etwas stattdessen tun müssen, tun können und tun. Der Mensch ist kein absolutes Wesen, sondern – als endliches Wesen, das sein Umkommen hinausschieben, sich vom Absoluten entlasten und sein Leben pluralisieren muß – ein primärer Taugenichts, der sekundär zum Homo compensator wird. So setzen diese Arbeiten die Kompensationsphilosophie, der ich anhänge, fort.

Für mich begann sie, als ich – ein Angehöriger der »skeptischen Generation« (Schelsky) – unmittelbar nach dem Ende des Zweiten Weltkriegs das Erschrecken und die Ernüchterung zur philosophischen Position machte und zugleich beeindruckt war von der Theodizeefrage nach der Güte Gottes und den Übeln in der Welt und dabei aufmerksam wurde auf das Theodizeemotiv der Autonomisierung: den Schluß von der Güte Gottes auf seine Nichtexistenz, die durch die idealistische und geschichtsphilosophische Ernennung des Menschen zum Weltlenker vollstreckt wurde. Es ist die Erfahrung vor allem der letzten zweihundert Jahre, daß der Mensch diese Rolle nicht aushält: Die Philosophie der Absolutheit des Menschen scheitert und disponiert dadurch zum Abschied vom Prinzipiellen, zu einer Philosophie der Endlichkeit und endlicher Formen der Antwort auf die Defizienzen der Wirklichkeit – etwa zur Philosophie der Kompensationen.

Durch die Arbeiten dieses Bändchens wird also diese

Kompensationsphilosophie fortgesetzt. Das mag ihre zahlreichen Kritiker, die mich als eine Art Geisterfahrer des Weltgeists betrachten, erneut nachhaltig ärgern, und das ärgert dann wiederum ein wenig auch mich. Sei's drum. Denn Ärger hat auch seine gute Seite: Manchmal ist Ärger Urlaub von anderem Ärger; und nichts hilft besser über einen Ärger hinweg als der nächste. Im übrigen ist die Skepsis – gerade dort, wo sie zur Anthropologie des Stattdessen wird – eine Philosophie, die vor allem Gelegenheitsarbeiten produziert und von der kein Hauptwerk zu erwarten ist. So ist auch das Bändchen, das hier nun vorliegt, trotz seines unbescheidenen Titels ein Parergon: kein Zentral- und Hauptwerk, sondern günstigstenfalls etwas stattdessen.

Selbstvorstellung

als neues Mitglied der Deutschen Akademie für Sprache und Dichtung am 20. 10. 1995 in Darmstadt

Herr Präsident, meine Damen und Herren,

zur Verjüngung der Deutschen Akademie für Sprache und Dichtung tauge ich – 67jährig – nur dann, wenn nicht meine abgelaufenen Lebensjahre zählen, sondern meine abgelaufenen Wachzeiten. Ein Vielschläfer ist da jünger als ein Wenigschläfer; und ich bin ein Vielschläfer. Auch das hat – wie manches bei mir – mein philosophischer Lehrer Joachim Ritter mitbewirkt. Als ich in Münster sein Assistent wurde, monierte er – der immer schon vor 5 Uhr früh am Schreibtisch saß – alsbald, daß ich erst gegen Mittag aufstand. »Ich war«, sagte er mir, »auch einmal so eine Nachteule wie Sie; aber das kann man ändern: man beginnt damit, daß man früh ins Bett geht; das Weitere ergibt sich von selbst.« Seither gehe ich früh ins Bett und stehe spät auf; es ist manchmal wirklich nicht einfach, meinen täglichen Mittagsschlaf dazwischenzubekommen.

Ich bin Jahrgang 1928, geboren in Stolp in Hinterpommern. Zur Schule ging ich zunächst ebenfalls in Hinterpommern: in Kolberg. 1940 mit zwölf kam ich – ich erwähne das, um es nicht nicht zu erwähnen – auf ein Naziinternat, eine Adolf-Hitler-Schule, war schließlich Luftwaffenhelfer und beim Volkssturm; im August 1945 mit siebzehn hatte ich meine Kriegsgefangenschaft schon hinter mir. Ich widerstand meiner Neigung zur Architektur und Malerei und studierte Philosophie: in Münster bei Joachim Ritter, in Freiburg bei Max Müller, der mein Doktorvater wurde. 1963 habilitierte ich mich in Münster und erreichte dadurch mein Lebensziel: Privatdozent zu sein. Zwei Jahre später ging es schief mit diesem Lebensziel; denn da war ich nicht mehr Privatdozent, sondern ordentlicher Professor für Philosophie in Gießen.

Meine Philosophie nannte und nenne ich Skepsis und die Skepsis den Sinn für Gewaltenteilung bis hin zur Teilung auch noch jener Gewalten, die die Überzeugungen sind. Sie paralysiert die Versuchung, sich einer einzigen totalitären Alleingewalt zu unterwerfen. So war meine Skepsis die Antwort auf die Erfahrung bis 1945. Mein Mahnsatz – den Beleg dafür hatte ich gerade geliefert – war zunächst: »Ich« kann mich irren. Ab 1968 habe ich ihn ergänzt: Auch »andere« können sich irren, z. B. wenn sie – durch Flucht aus dem Gewissen-Haben in das Gewissen-Sein – das richtige »nie wieder Nationalsozialismus« zum falschen »nie wieder Identifizierung« pervertieren. Darum wurde meine Skepsis zur Absage an die Negationskonformismen, an das *fiat utopia, pereat mundus,* und so zum Schritt in die sanften Identifizierungen: die mit der Lebenskürze; die mit den Kompensationen; die mit der modernen Welt; die mit der Bundesrepublik; die mit der Bürgerlichkeit; die mit der mittelhessischen Nahwelt: Auf den Tag genau heute wohne ich – zusammen mit meiner Frau – seit dreißig Jahren in Gießen, die letzten zweieinhalb Jahre als Emeritus, nun also endlich doch noch als eine Art Privatdozent.

Und immer noch fallen mir Denken und Schreiben schwer; aber es lohnte sich nicht, wenn das anders wäre. Ich brauche die Leichtigkeit als Form, um mich auszuhalten, mich an den Denk- und Schreibtisch zu locken und um Buße zu tun dafür, daß ich meine Mitmenschen mit Denken und Schreiben belästige. Offenbar hat das der Deutschen Akademie für Sprache und Dichtung nicht mißfallen: 1984 durfte ich ihr danken für den Sigmund-Freud-Preis für wissenschaftliche Prosa, und heute danke ich ihr für meine Wahl zu ihrem ordentlichen Mitglied, über die ich mich herzlich freue.

Homo compensator

Zur anthropologischen Karriere eines metaphysischen Begriffs

Hat die philosophische Anthropologie, auch und gerade die heutige, als Disziplin den (szientifischen) Status einer empirischen Wissenschaft oder den (szientifischen) Status reiner Philosophie alias Metaphysik?

Es gehört – meine ich – zu den gut gesicherten Ergebnissen der Begriffsgeschichte des philosophischen Disziplinentitels »Anthropologie« und seiner Definitionen und Explikationen,[1] daß die philosophische Anthropologie, seit es sie unter diesem Namen gibt (also seit etwa 1600), sich dieser Alternative emphatisch widersetzt und produktiv entzieht: Philosophische Anthropologie ist szientifisch als empirische Metaphysik. Das ist – fürwahr! – ein eigenartiger und wissenschaftstheoretisch ärgerlicher Status: Diese Ärgerlichkeit spricht freilich nicht gegen die Anthropologie, sondern allenfalls gegen die Wissenschaftstheorie. Ablesbar wird bei der philosophischen Anthropologie dieser Status an ihren Statussymbolen, zu denen ihre Schlüsselbegriffe gehören. Einer von ihnen ist der Begriff »Kompensation«: ihn (und niemanden, der meine Arbeiten der letzten Zeit verfolgte, kann dies überraschen) möchte ich hier akzentuieren. Durch das Zentralwerden des Kompensationsbegriffs wird die moderne philosophische Anthropologie weithin zur Philosophie des Homo compensator. Just der Kompensationsbegriff jedoch hat jenen ärgerlich amphibischen Status zwischen Metaphysik und Empirie: genau darauf – scheint mir – beruht seine Fruchtbarkeit. Sobald sein Leben ordentlich und nach wissenschaftstheoretischen Standards sittsam würde, wäre es mit seiner erschließenden Kraft vorbei: darum scheint es mir wichtig, gerade sein epistemologisches Lotterleben – das für die philosophische Anthropologie paradigmatisch und unverzichtbar ist – zu verteidigen, und zwar durch seine Begriffsgeschichte; denn die Begriffsgeschichte befreit Begriffe aus dem Gefängnis ihrer Definition und aus dem Zuchthaus der Statuseindeutigkeiten: das Historische entdomestiziert das nur noch Systematische zum Lebendigen. Zu diesem Zweck möchte ich in der Folge anthropologieeinschlägig dem Schicksal des Kompensationsbegriffs nachgehen, der aus einem metaphysischen Begriff zum Schlüsselbegriff der empiriewilligen Anthropologie des Homo compensator wurde; und ich tue das in folgenden vier Abschnitten: 1. Homo compensator; 2. Kompensation und Theodizee; 3. Kompensation als Vergeltung und Kompensation als Entschädigung; 4. Das triumphierende und das kompensierende Lebewesen.

1. *Homo compensator*

Zunächst muß ich belegen, daß das zutrifft, wovon ich ausgehe: daß der Kompensationsbegriff ein Schlüsselbegriff der modernen philosophischen Anthropologie insbesondere des 20. Jahrhunderts ist. Ich tue das durch zwei kurze Hinweise.

Der erste Hinweis ist dieser: Helmuth Plessner schreibt im Vorwort zur zweiten Auflage seines anthropologischen Hauptwerks *Die Stufen des Organischen und der Mensch* über Arnold Gehlen: »seine Thesen sind bekannt und lassen sich alle um den Gedanken der Kompensation gruppieren, dem Herder das Stichwort Mängelwesen gegeben hat«[2]: der Mensch kompensiert seine naturhaften Mängel durch Entlastungen. Gehlen selber verwendet – im Bändchen *Anthropologische Forschung* – den Kompensationsbegriff ausdrücklich: »der Mensch wäre [...] mit [...] seiner Instinktmangelhaftigkeit [...] lebensunfähig. Kompensiert werden diese Mängel aber durch die Fähigkeit, die der dringendsten Notwendigkeit entspricht: die rohe Natur [...] so zu verändern, daß sie ihm lebensdienlich wird«[3]. Dieser Kompensationsgedanke charakterisiert nicht allein den Ansatz Gehlens, sondern auch schon Plessners eigenen Ansatz: die »exzentrische Positionalität« des Menschen – sein Mangel an Ganzheit und sein konstitutioneller Verlust der Mitte – verlangt »Ergänzung«: »der Mensch« – schreibt Plessner – »will heraus aus der unerträglichen Exzentrizität seines Wesens, er will die Hälftenhaftigkeit der eigenen Lebensform kompensieren«. »Der Mensch [...] sucht [...] Kompensation seiner Halbheit, Gleichgewichtslosigkeit, Nacktheit«[4]: durch Kultur, also durch Künstlichkeit, Expressivität, Transzendenz. Was so durch Plessner und Gehlen belegbar ist – und in subtiler Generalisierung fortwirkt bei Niklas Luhmann: auch und gerade das System Mensch kompensiert Komplexitätsüberlastung durch Komplexitätsreduktion –, gilt weithin: Die moderne Anthropologie bestimmt den Menschen fundamental als Defektflüchter, der nur durch Kompensationen zu existieren vermag. Die moderne Konjunktur der philosophischen Anthropologie vollzieht sich repräsentativ im Zeichen des Kompensationsbegriffs: als Karriere der Philosophie des Homo compensator.

Der zweite Hinweis ist dieser: Nur und gerade weil der Kompensationsbegriff in der modernen philosophischen Anthropologie zentral wird, können zugleich in den menschlichen Verhältnissen allenthalben Kompensationen entdeckt oder gar geplant werden. Kompensation wird heutzutage zur Losung aktueller Programme: etwa des pädagogischen Konzepts der »kompensatorischen Erziehung« im Anschluß zunächst an den amerikanischen »National Defense Education Act«, oder des ökonomischen Konzepts der »kompensatorischen Fiskalpolitik« im Anschluß an Keynes und Hansen.[5] Zugleich wird Kompensation zur Kategorie für aktuell diagnostizierte mittelfristige historische Prozesse etwa durch Thesen Joachim Ritters: Der moderne Vorgang der Wirklichkeitsentzauberung wird kompensiert durch die spezifisch moderne Ausbildung der Ersatzbezauberung des Ästhetischen; oder: die moderne Artefizialisierung der Welt wird kompensiert durch die spezifisch moderne Entdeckung und Apotheose der unberührten Natur als Landschaft und die Entwicklung des ökologischen Bewußtseins; oder: der moderne Traditionsverlust durch Versachlichung und durch zunehmende Beschleunigung des sozialen Wandels wird kompensiert durch die spezifisch moderne Genese des historischen Sinns, also etwa die Geburt des Museums und der Geisteswissenschaften. Fast gleichzeitig hat Konrad Lorenz von der menschlich »verantwortlichen Moral« gesagt, daß sie – ich zitiere – »ein Kompensationsmechanismus ist, der unsere Ausstattung mit Instinkten an die Anforderungen des Kulturlebens anpaßt«; und Karl Otto Apel hat – diesen Gedanken fortschreibend – jüngsthin sogar die Diskursethik als Kompensation der Verbindlichkeitsdefizite der kulturell »postkonventionellen« Phase dargestellt.[6] All das und manch anderes zeigt: die Kompensationstheorie des Menschen setzt sich fort in Kompensationstheorien des Menschlichen. Das ist eine flankierende Bestätigung für das, was ich hier unterstreichen möchte: Die moderne Konjunktur der philosophischen Anthropologie vollzieht sich repräsentativ im Zeichen des Kompensationsbegriffs: als Karriere der Philosophie des Homo compensator.

Der Mensch ist das kompensierende Lebewesen: Dieser Gedanke ist gleichwohl nicht neu, und dies nicht nur deswegen, weil – worauf Plessner und Gehlen gleichermaßen hingewiesen haben – Herder der »Vorläufer« war, der beim Menschen »in der Mitte seiner Mängel« als »Keim zum Ersatz« die Sprache fand als die spezifisch menschliche »Schadloshaltung«,[7] also Kompensation. Michael Landmann hat 1962 in *De homine* auf antike Wurzeln dieses Konzepts hingewiesen, auf Protagoras und den Epimetheus-Mythos im gleichnamigen platonischen Dialog als Quelle: »Protagoras« – schreibt Landmann[8] – »will [...] darlegen, wie der Mensch seine anfängliche Unterlegenheit unter die Tiere [...] kompensiert«, indem er »für seine Benachteiligung einen Ausgleich« sucht und findet »in den Kulturgütern«. In der Tat: Niemand wird behaupten können, das Mängelwesen- und Kompensationsmotiv sei neu; aber gerade daraus – scheint mir – ergibt sich dringlich die Frage: Warum – wenn doch dieses Motiv ganz im Gegenteil schon ganz alt ist – warum wird dann der Kompensationsgedanke erst modern so zentral, daß er – erst dort das Wort »Kompensation« als Losung sich zu eigen machend – erst modern eine eigene philosophische Disziplin, die philosophische Anthropologie, brauchte und erzwang und zum Erfolg trieb, um sich nunmehr als Zentralverfassung des Menschen zur Geltung zu bringen: in der modernen philosophischen Anthropologie, die eben gleichzeitig und ineins fundamental und zur Philosophie des Homo compensator wurde? Warum – denn das ist ja nicht selbstverständlich, darum mache ich es hier zur Frage – warum ist das so?

2. *Kompensation und Theodizee*

Der moderne Kompensationsbegriff kommt aus der Theodizee: Gott – macht Leibniz, der diese philosophische Disziplin erfand und 1710 publizistisch durchsetzte, unter anderem geltend – Gott ist entschuldigt, weil er Übel nicht nur »zuließ«, sondern auch (gemeint ist: zureichend) kompensiert: Gott – schreibt Leibniz – »l'auteur de la nature a compensé ces maux [...] par mille commodités«; und noch in seiner *Nova dilucidatio* pflichtet Kant – im gleichen Problemkontext – ihm bei: »malorum [...] compensatio [...] est proprie ille finis, quem ob oculos habuit divinus artifex«:[9] der gute Gott ist gerecht und also theodizeemäßig gerechtfertigt, weil er für die Kompensation der Übel gesorgt hat. Im Blick auf dieses – bei Leibniz nur mitverwandte – Argument gilt: der moderne Kompensationsbegriff kommt aus der Theodizee.

Damit ist zugleich gesagt: Der Kompensationsbegriff, der in der philosophischen Anthropologie unseres Jahrhunderts zum Zuge kommt, stammt nicht – wie man anzunehmen geneigt sein könnte – originär aus dem Umkreis der Psychoanalyse: weder Alfred Adler – in seiner *Studie über Minderwertigkeit von Organen* von 1907 – noch Carl Gustav Jung – in seiner Abhandlung *Über die Psychologie der dementia praecox* von 1907 – haben ihn erstmals geprägt. Sie haben den Kompensationsbegriff vielmehr übernommen aus einer um die Jahrhundertwende geführten und 1905 von Anton in seiner Jenenser Antrittsvorlesung *Über den Wiederersatz der Funktion bei Erkrankungen des Gehirns* zusammengefaßten hirnphysiologischen Kompensationsdebatte,[10] der der Kompensationsbegriff ihrerseits zugeliefert wurde aus dem allgemeinen Theoriekontext einer – mit dem Bild der Waage und des Haushaltsausgleichs und der Idee des Gleichgewichts arbeitenden – naturphilosophischen Annahme einer *balance naturelle*, die Beeinträchtigungen durch Kompensationen ausgleicht kraft einer fundamentalen »Ökonomie der Natur«, der sich auch die »Ökonomie der Weltgeschichte« fügt; denn zu dieser – meint Burckhardt in seinen *Weltgeschichtlichen Betrachtungen* von 1868[11] – gehört »das geheimnisvolle Gesetz der Kompensation, nachweisbar wenigstens an einer Stelle: an der Zunahme der Bevölkerung nach großen Seuchen und Kriegen. Es scheint ein Gesamtleben der Menschheit zu existieren, welches die Verluste ersetzt« auch – wo Kulturen zugrunde gehen – als »Weiterleben der verletzten Menschheit mit Verlegung des Schwerpunktes«. Diese »Lehre von der Kompensation«, mit deren »Trost« man – nach Burckhardt – »sparsam« umgehen muß, wird bekräftigt nicht nur durch jenes *law of compensation*, das – als »the absolute balance of Give and Take« – Emerson 1865 in seinem Essay *Compensation*[12] formuliert hat, sondern auch durch Kompensationsbefunde, die etwa Cournot beim »Gesetz der großen Zahl« 1843 in seiner *Exposition de la théorie des chances et des probabilités* betonte und auch durch jene Kompensationsannahme, die im 6. Abschnitt des 13. Kapitels vom ersten Buch des *Kapitals* 1867 Marx kritisierte. All diese Überlegungen, die mit einem Prinzip des Gleichgewichts und der Kompensation seiner Störungen rechnen, sind Fortentwicklungen jener Glücksbilanzen, die im 18. Jahrhundert philosophisch aktuell waren: daß in dieser Welt Übel durch Güter (wie etwa de Lasalle meinte) reichlich oder (wie etwa Maupertuis meinte) ungenügend aufgewogen – kompensiert – sind oder (wie etwa Robinet und der junge Kant dies meinten) Übel und ihre Kompensation durch Güter sich – im Sinne einer Nullbilanz – die Waage halten:[13] Diese zuletzt genannte These wurde – all diese Spekulationen zusammenfassend – resümiert in einem merkwürdigen und seinerzeit auflagenstarken Buch, das zuerst 1808 erschien und auf das man immer wieder hinweisen muß, weil es offenbar selbst in Frankreich vergessen ist und niemand sich entschließen mag, es wirklich zu lesen; ich meine das alsbald dreibändig gewordene Werk *Des compensations dans les destinées humaines* von Pierre-Hyacinthe Azaïs, der den Mut hatte, den Gleichheitssatz – rekurrierend auf jene Bilanzen und Balancen – nicht nur rechtlich formal, sondern inhaltlich zu verstehen: In jedem Menschenleben – das war seine detailliert erläuterte These – ist durch dessen Schicksale Unglück durch Glück so kompensiert, daß Glück minus Unglück bzw. Unglück plus Glück immer Null ergibt, die Glücksbilanz also bei jedem Menschen ausgeglichen ist: darin und dadurch sind alle Menschen gleich.

Azaïs hatte sein Buch einen »Traité de la justice providentielle«[14] genannt, weil diese Gleichheitsthese für ihn der Beweis für die Gerechtigkeit Gottes und der Natur war; er dachte damit jenen Kompensationsgedanken bis an die Grenze der Absurdität weiter, der zur Theodizee gehört und letztlich eben – wie ich schon sagte – aus der Theodizee von Leibniz kommt: Gott ist entschuldigt und gerechtfertigt, weil er Übel nicht nur »zuließ«, sondern sie auch zureichend kompensierte. Diese hier nur andeutungsweise skizzierte Artikulationskette des Kompensationsgedankens – scheint mir – belegt, daß offenbar auch und gerade noch die moderne philosophische Anthropologie dieses Theodizeemotiv verwaltet und zum Zentralgedanken steigert, wo sie zur Philosophie des Homo compensator wird. Das bedeutet, daß – bei gleicher Prämisse: der Entlastung Gottes durch Fundamentalzuwendung zum Menschen – zwei moderne Philosophien sich (als feindliche Brüder) das Erbe der Theodizee teilen: die revolutionäre Geschichtsphilosophie und die philosophische Anthropologie. Die Geschichtsphilosophie proklamiert – wie ich andernorts zu zeigen versucht habe[15] – ohne Rücksicht auf die menschliche Endlichkeit zur Entlastung Gottes den Menschen zum angeklagten Schöpfer und anklagenden und richtenden Erlöser. Die philosophische Anthropologie – das betone ich jetzt hier – bestimmt gerade mit Rücksicht auf die menschliche Endlichkeit den Menschen zum kompensierenden Lebewesen und hält so – durch Fundamentalisierung des Kompensationsbegriffs – ebenfalls ein Theodizeemotiv fest, ein anderes: denn – ich wiederhole es – der moderne Kompensationsbegriff kommt aus der Theodizee.

3. *Kompensation als Vergeltung und Kompensation als Entschädigung*

Es ist immer wieder nötig, die Theodizee von Leibniz ins Spiel zu bringen: nicht, weil dieses Buch so schön ist (eher ist das Gegenteil der Fall), sondern, weil so viel in ihm passierte, d. h. aufhörte und anfing; auch das meinte der Satz: Der moderne Kompensationsbegriff kommt aus der Theodizee. Wohlgemerkt: Der »moderne« Kompensationsbegriff kommt dorther. Das aber ist – und die bisher referierten Konzepte waren dafür Belege – jener Kompensationsbegriff, der nicht Vergeltung, sondern Entschädigung meint, so daß *compensatio* nicht mehr als Strafe, sondern als ersetzender Ausgleich durch Güter verstanden wird: nicht als Rache und Buße, sondern als Linderung. Die genauere Bedeutung des Satzes »Der moderne Kompensationsbegriff kommt aus der Theodizee« ist also diese: Die Leibniztheodizee – auch sie und gerade sie – vollzog die Ablösung des »alten« Kompensationsbegriffs der Vergeltung durch den »modernen« Kompensationsbegriff der Entschädigung. Das freilich muß ich – denn es scheint mir wichtig – erläutern.

Dafür – meine ich – bringt es wenig, wenn ich allgemein darauf verweise, daß der Kompensationsbegriff älter ist als die Theodizee von Leibniz, um dann über Clauberg, Anselm und Tertullian bis zu Ciceros Theorie der kompensatorischen Lebenskunst des Weisen und darüber hinaus zurückzugehen auf die Kompensationslehre der antiken Rhetorik, die Do-ut-des-Logik des Opfers, die Schadenersatzregelungen des römischen Rechts und die lateinische Handelssprache, die auch noch den heutigen englischen Wortsinn von *compensation* – Lohn – und die heutige Rede vom geldvermeidenden »Kompensationsgeschäft« inspiriert. Denn dann wäre ich ziemlich schnell auch bei der Frage, welches denn das griechische Wort gewesen sei, das die Römer mit *compensatio* hätten übersetzen dürfen, und bei dem Vorschlag meines (aus meinem Gesichtskreis geratenen) Schülers Peter Sittig, man solle quasi wörtlich zurückübersetzen: *com* d. h. *cum* mit *syn* und *pensare* bzw. *pendere* als (Nebenbedeutung) in die Waagschale »werfen« mit *ballein,* wodurch man bei der Übersetzungsgleichung *compensatio* = *symbolon* wäre und dann nicht nur bei der Kompensation von Ringhälfte durch Ringhälfte, sondern alsbald auch bei der analogen Theorie der Aristophanes-Rede in Platons *Symposion*: daß jeder Mensch – einstmals rund und ganz, jetzt aber, zerschnitten, halb und schlank – auf der Suche nach Kompensation durch seine andere und vielleicht bessere Hälfte sei und so – oder auch hilfsweise anders – unterwegs zur ursprünglichen und kugelförmig idealen Korpulenz. Das alles – so reizvoll es ist, und so sehr man es als Vorwegnahme des modernen Kompensationsbegriffs lesen könnte – muß ich hier gleichwohl beiseite lassen.

Stattdessen knüpfe ich – inspiriert durch die Kopräsenz von Herrn Lepenies – an eine Sammlung von Aufzeichnungen an, die zwischen 1740 und 1775 aufgeschrieben wurden: an Carl von Linnés *Nemesis Divina*, die Anfang dieses Jahres [sc. 1981] erstmals in deutscher Übersetzung – herausgegeben von Wolf Lepenies und Lars Gustafsson – erschien. Darin notierte – nicht für eine Veröffentlichung – Linné Schicksale vornehmlich auch aus seinem eigenen Lebensumkreis, bei denen Lebensverfehlungen nach seiner Meinung durch schließliche Unglücksfolgen sich rächten: also als Dokumente göttlicher Vergeltung, der Nemesis Divina. Wolf Lepenies legt in seinem Nachwort zu dieser Ausgabe nicht nur überzeugend dar, daß Linnés »Fallsammlung göttlicher Vergeltung« – über die Physikotheologen – mit der Theodizee von Leibniz in Verbindung steht, und – vor allem – daß das Nemesis-Motiv ein ultrazentrales Kompensationsmotiv ist, sondern er vermutet dort auch, daß das »Nemesis-Konzept« für Linné ein Vermeidungstheorem war, zu dem er Zuflucht nahm, um den Schritt in eine »ent-moralisierte« Wissenschaft, deren Verlustbilanz heute aktuell wird, nicht tun zu müssen.[16] Dadurch deutet Lepenies etwas an, was ich hier durch einen zunächst unterstützenden Gedankengang unterstreichen möchte: Das Kompensationskonzept der »Nemesis Divina« ist – trotz jenes Zweifels am Jenseits als Strafraum, der in jeder Befriedigung über Vergeltungen schon im Diesseits steckt – nicht eine frühe Version des modernen, sondern eine späte Version des alten Kompensationsgedankens, demzufolge – wie schon im antiken Nexus von Hybris und Nemesis – Kompensation die Wiederherstellung einer Ordnung meint durch strafende Ahndung jener Übeltat, die diese Ordnung verletzte.

Das weist auf einen hypermoralisierten Begriff des Übels zurück, wie ihn die frühchristliche Gottes- und Sündenlehre brauchte, um auf Markions Verteufelung des Schöpfergottes antworten zu können: bei Augustinus. Dort – nachantik christlich, wo nicht mehr ein Demiurg mit materiebedingt begrenzter Haftung, sondern ein allmächtiger Gott regiert, dessen Güte durch die Übel in der Welt zweifelhaft zu werden drohte – mußte – und das eben tat Augustinus in *De libero arbitrio* – die menschliche Freiheit erfunden und fundamentalisiert werden, um (sozusagen als Alibi Gottes) alle Weltübel – vom gefallenen Engel einmal abgesehen – dem sündigen Übeltäter Mensch zurechnen und anlasten zu können: als Untaten des Menschen mit Kompensationsfolgen, die in Strafen bestehen zur Reinigung des Glanzes der Weltordnung und zur Versöhnung ihres Prinzips und Garanten Gott, im Radikalfall durch den Opfertod des menschgewordenen Gottessohnes, der anstelle der Menschen die kompensierende Strafe erduldet: »compensatione sanguinis sui«, wie schon Tertullian im *Apologeticum* sagte und später Anselm in *Cur Deus homo* bekräftigte.[17] Für diesen Ansatz ist jene heilsmoralische Zuspitzung des Übel-Begriffs entscheidend, die Kompensationen nur mehr als Strafen zuließ. Die Übel wurden nicht mehr als schicksalhaft zugeteilte oder zugefallene Leiden und Widerfahrnisse verstanden, sondern – heilsmoralisch vereindeutigt – ausschließlich als menschliche Übeltaten, deren Kompensationen Bußen, Vergeltungen sein mußten: Die Übel ziehen – als Kompensationen – Übel nach sich. Das ist jener Kompensationsbegriff, den ich hier – im Gegensatz zum modernen – den alten Kompensationsbegriff nenne: Wo die Übel – hypermoralisiert – exklusiv menschliche Untaten sind, können ihre Kompensationen nur Strafen, nur Übel sein.

Das – meine ich – ändert sich genau dort, wo – durch den spätmittelalterlich nominalistischen theologischen Absolutismus – im Namen der göttlichen Allmacht mit der Reichweite der menschlichen Freiheit auch der Aktionsradius menschlicher Übeltäterschaft radikal eingeschränkt wird.

Justament dadurch werden wieder Übel sichtbar, die nicht in unserer freiwilligen Sündigkeit, sondern in unserer Endlichkeit wurzeln: nämlich – diesseits des malum morale – das malum physicum und das malum metaphysicum. Die Neuzeit – das »Zeitalter der Neutralisierungen« – entsteht auch durch die Entdeckung oder Wiederentdeckung dieser heilsmoralisch neutralen Übel, die wir nicht – moralisch qualifizierbar – tun, sondern für die – als physische und metaphysische Widerfahrnisse – wir nichts können. Gerade und vor allem das Come-back dieser nicht moralisierbaren Übel – das erneut Zweifel an der Güte Gottes weckt – erzwingt (spezifisch neuzeitlich) bei Leibniz das Pensum der Theodizee, bei der uns hier nicht sein Lösungsvorschlag zu interessieren hat, sondern einzig dies: daß die philosophische Disziplin Theodizee (und die moderne Entübelung der Übel, zu der sie trieb) vor allem als Reaktion auf die Entdeckung dieser widerfahrnishaft erlittenen und – *sit venia verbo* – »ent-moralisierten« Übel entstand und sich darum – in der Konsequenz – auch und gerade – sie entdeckend – für jene Kompensationen interessieren mußte, die zu diesen Übeln, die nicht Taten sind, sondern Leiden, passen: Das aber sind Kompensationen, die nicht Strafen sind, sondern Linderungen. So also kommt es durch die Theodizee zum modernen Kompensationsbegriff, demzufolge Übel als Kompensationen nicht (im Sinne einer Vergeltung von Untaten) Übel, sondern (im Sinne einer Entschädigung für Mängel und Leiden) Bonitäten nach sich ziehen.

4. *Das triumphierende und das kompensierende Lebewesen*

Im Unterschied zum alten Kompensationsbegriff, der Vergeltung meint, bezieht sich der moderne Kompensationsbegriff, der Entschädigung meint, also auf Übel, die wir nicht tun, sondern die uns – als schicksalhafte Mängel und Leiden – widerfahren: es sind dies die nicht moralisierbaren Übel.

Zu ihnen – meine ich – gehört jene Mängelverfassung des Menschen, die die heutige philosophische Anthropologie fundamentalisiert, wo sie – im Zeichen des modernen Kompensationsbegriffs – zur Philosophie des Homo compensator wird.

Diese nichtmoralisierbaren Übel sind für die Menschen offenbar so unerträglich, daß – im Gegenzug zu ihrer neuzeitlichen Entdeckung genau dort, wo ihre optimistische Verarbeitung durch die Leibniztheodizee mißlingt, also seit Mitte des 18. Jahrhunderts – die modernen Menschen zunächst alle Anstrengungen unternehmen, diese moralisch neutralen Übel zu übersehen, zu vergessen, zu verdrängen: insbesondere durch ihre Rückverwandlung in moralische Übeltaten notfalls durch transzendentale Leugnung der menschlichen Passivität, des Leidens und der Widerfahrnisse insgesamt, die in jener Philosophie vollzogen wird, die – unter dem Namen Geschichte – die ganze Wirklichkeit zur menschlichen Tathandlung macht und ebendadurch alle Übel zu menschlichen Untaten erklären kann: ich meine die – durch den frühen Fichte transzendentalisierte – revolutionäre Geschichtsphilosophie. Sie repetiert und überbietet die augustinische Freiheitsthese durch Vermeidung ihrer zentralen Schwierigkeit, der Koexistenz göttlicher Allmacht und menschlicher Freiheit, indem sie beide – Gott und Mensch – stillschweigend identifiziert: Der Mensch ist frei als quasi allmächtiger Schöpfer der Geschichte. Weil diese Philosophie alles zur menschlichen Tat macht, remoralisiert sie die Übel zu menschlichen Untaten: so wird das, was Lepenies die »Ent-moralisierung« der Wissenschaften nennt, kompensiert durch die geschichtsphilosophische Hypermoralisierung der Welt, und zwar nun nicht mehr – wie bei Linné – durch Flucht zurück in die »Nemesis Divina«, sondern jetzt – revolutionsphilosophisch – durch Flucht nach vorn in die »Nemesis Humana«, die – als Vollstreckung des Richterspruchs der Weltgeschichte – jeden trifft und straft und vernichtet, der (bewußt bzw. subjektiv oder unbewußt bzw. objektiv) als Hindernis agiert gegen den Fortschritt der Geschichte zum finalen Triumph des Menschen durch Vollendung der heilen Welt. Geschichtsphilosophisch ist der Mensch das triumphierende Lebewesen, und er soll es – nach der großen Naturalisierung des Entwicklungsgedankens, zu der die Enttäuschung der emanzipatorischen Naherwartung seit der Französischen Revolution zwang – auch evolutionsbiologisch bleiben, wo derjenige triumphiert, der übrigbleibt und dies schafft, weil – in der Evolution – Mängel der Überlebenskonkurrenten gerade nicht durch Bonitäten ausgeglichen werden, sondern als Beschleuniger des Aussterbens wirken. Diese Evolutionstheorem des sich potenzierenden Selektionsnachteils ist – ich rekurriere auf einen für mich sehr erhellenden Gesprächshinweis von Harald Weinrich – das genaue Gegenteil des modernen Kompensationsgedankens, wo Mängel nicht mit dem Tode bestraft, sondern durch Entschädigungen aufgefangen werden. Vielleicht – meine ich – hat gerade diese Kompensationsfeindlichkeit der geschichtsphilosophischen und evolutionsbiologischen Konzepte des triumphierenden Lebewesens jenen Vorgang mitbedingt, den Wolf Lepenies im Kontext des *Endes der Naturgeschichte* diagnostizierte:[18] daß durch den Sieg des Entwicklungsgedankens die Anthropologie – als integrierte Gesamtwissenschaft vom Menschen – gleichzeitig möglich und überflüssig wurde und darum institutionell nicht wirklich werden konnte; deswegen institutionalisierte sich statt der Anthropologie im 18. Jahrhundert die Geschichtsphilosophie und im 19. Jahrhundert – weil evolutionstheoretisch der »Mensch keine Ausnahme« ist – die Biologie und vertrieb das Thema der Sonderbarkeiten des Menschen in die Literatur, der sich in der Romantik und im 20. Jahrhundert die philosophische Anthropologie anschloß: die Anthropologie reüssiert als Sezession aus den Philosophien des triumphierenden Lebewesens.

Denn der wirkliche Mensch ist nicht das triumphierende,

sondern das kompensierende Lebewesen: das macht – gegen die revolutionäre Geschichtsphilosophie und gegen die evolutionäre Biologie – die philosophische Anthropologie geltend. Just dadurch – weil sie nicht die Triumphe, zu denen der Mensch siegend eilt, sondern die Mängel und Leiden, mit denen der Mensch (sie mühsam kompensierend) leben muß, in den Aufmerksamkeitsmittelpunkt rückt – wurde die philosophische Anthropologie nunmehr wichtig. Sie betont jene Sonderstellung des Menschen, die er behält, wo er nicht mehr »die Krone der Schöpfung«, sondern – wie Jercy Lec sagt – »die Dornenkrone der Schöpfung« ist: daß der Mensch nicht die Spezies der finalen Triumphe, sondern die Spezies der prolongierten Niederlagen ist mit dem Pensum, sie zu ertragen. Denn evolutionär gelang es dem Menschen weder, rechtzeitig auszusterben, noch, frühzeitig jene Verfassung zu finden, bei der es dann bleiben konnte. So muß der Mensch – wo alle anderen Arten längst entlassen sind in die letale oder finale Endgültigkeit – evolutionär nachsitzen; er ist nicht – sozusagen als Träger des gelben Trikots bei der Tour de l'évolution – der Spitzenreiter, sondern der Sitzenbleiber der Entwicklung: das retardierte Lebewesen, das es immer noch nicht geschafft hat, sondern das es mit seiner physischen Mängelverfassung aushalten muß, seiner gewußten Sterblichkeit, seinen Leiden als »Homo patiens« und der ewigen Wiederkehr des Ungleichen, der Geschichte. Im Blick auf all dieses setzt die philosophische Anthropologie – trübsalmindernd – auf den aus der Theodizee herkommenden modernen Kompensationsgedanken, insbesondere in Gestalt der Bonum-durch-malum-Figur:[19] zwar – malum – gibt es all diese Übel, aber – bonum-durch-malum – gerade sie erzwingen kompensierende Bonitäten. Ihrzufolge sind Übel indirekte Güter und Defekte Chancen: Gelegenheiten oder gar aktive Mittel ihrer Kompensation. Es ist dieses Kompensationsmotiv der Theodizee, das Herder aufnimmt: zwar ist der Mensch – malum – das Stiefkind der Natur, aber – bonum-durch-malum – gerade dadurch (zum Ausgleich) hat er Sprache. Und es ist dieses theodizeemäßige Kompensationsmotiv, das in der Gegenwartsanthropologie rezipiert und generalisiert wird; so eben bei Plessner: zwar ist der Mensch – malum – exzentrisch, aber – bonum-durch-malum – gerade das kompensiert er durch Technik, Expressivität, Transzendenz; und bei Gehlen: zwar ist der Mensch – malum – Mängelwesen, aber – bonum-durch-malum – just das kompensiert er durch Ausarbeitung der entlastenden Institutionenkultur; oder eben bei Luhmann: zwar ist die Welt – malum – gerade für den Menschen hyperkomplex, aber – bonum-durch-malum – auch und gerade er reduziert diese Komplexität: er existiert, indem er seine Mängel kompensiert. Die philosophische Anthropologie bestimmt ihn nicht als triumphierenden Zielstreber, sondern als kompensierenden Defektflüchter: der Mensch ist für sie der, der – als physischer Taugenichts – etwas stattdessen tun muß, tun kann und tut: die philosophische Anthropologie ist die Philosophie des Stattdessen. So kommt es – konsequenterweise – zu jenem Tatbestand, den ich eingangs beschrieb: Die moderne Konjunktur der philosophischen Anthropologie vollzieht sich im Zeichen des Kompensationsbegriffs: als Karriere der Philosophie des Homo compensator.

Diese Kompensationsanthropologie hat – damit komme ich zum Schluß kurz auf meine Einleitungsbemerkung zurück – gerade deswegen einen szientifischen Status zwischen Metaphysik und Empirie mit Affinitäten zum Literarischen: Denn der Kompensationsbegriff – der ihr diesen Status verschafft und gerade dadurch attraktiv wird für sie – ist (wie ich andeutungsweise gezeigt zu haben glaube) als begriffliches Zugpferd der philosophischen Gegenwartsanthropologie ein trojanisches Zugpferd, in dessen Begriffsbauch unterschiedliche Motive lauern. Darunter befinden sich einerseits – enttheologisiert – das metaphysische Theodizeemotiv und andererseits die Lust zum Empirischen: Der Kompensationsbegriff ist etwas Semiempirisches, ein

Halbapriori, das der philosophischen Anthropologie einen Zugriff erlaubt, der ungemein fruchtbar, zugleich aber wissenschaftstheoretisch *shocking* und darum schon häufig widerlegt worden ist; indes: nichts bekommt einer Philosophie besser, als von Zeit zu Zeit epistemologisch widerlegt zu werden, denn das erquickt sie und stärkt ihre Kondition. Am zähesten ist dabei ein halbstarkes Transzendentalmotiv: Der moderne Kompensationsbegriff – der nicht Erfüllung, sondern Linderungen meint, und nicht das Ganze, sondern Ergänzungen ohne Ganzes – gehört seiner Bauform nach zur »reflektierenden Urteilskraft«.[20] Durch seinen historischen Charakter aber – seine mittlere Reichweite, Metaphorizität, grundsätzliche Zufälligkeit, faktische Unbeliebigkeit und große Wandlungsträgheit – ist der Kompensationsgedanke etwas, was auch in der Wissenschaft für die Menschen – also kurzlebige Wesen – ganz und gar unvermeidlich ist: eine Üblichkeit. Gerade der Kompensationsbegriff der philosophischen Anthropologie des Homo compensator ist – um es im Geiste Humes mit Rilke zu sagen – »eine Gewohnheit, der es bei uns gefiel«.[21]

Anmerkungen

1 Vgl. O. Marquard, »Zur Geschichte des philosophischen Begriffs ›Anthropologie‹ seit dem Ende des 18. Jahrhunderts« (1963/65), in: O. M., *Schwierigkeiten mit der Geschichtsphilosophie*, Frankfurt a. M. 1973, S. 122–144 und 213–247; O. Marquard, Artikel »Anthropologie«, in: J. Ritter [u. a.] (Hrsg.), *Historisches Wörterbuch der Philosophie*, Bd. 1, Basel/Stuttgart 1971, Sp. 362–374; W. Lepenies, *Soziologische Anthropologie. Materialien*, München 1971; P. Probst, *Politik und Anthropologie. Untersuchungen zur Theorie und Genese der philosophischen Anthropologie in Deutschland*, Frankfurt a. M. 1974; M. Linden, *Untersuchungen zum Anthropologiebegriff des 18. Jahrhunderts*, Bern / Frankfurt a. M. 1976; O. Marquard, Rezension dazu in: *International Studies in Philosophy* 12 (1981) S. 104–107.

2 H. Plessner, *Gesammelte Schriften,* hrsg. von G. Dux, O. Marquard und E. Ströker, Bd. 4, Frankfurt a. M. 1981, S. 24.
3 A. Gehlen, *Anthropologische Forschung,* Hamburg 1961, S. 1.
4 H. Plessner, *Gesammelte Schriften,* Bd. 4, S. 385 und 395.
5 Vgl. O. Marquard, »Kompensation. Überlegungen zu einer Verlaufsfigur geschichtlicher Prozesse«, in: K. G. Faber / Ch. Meier (Hrsg.), *Historische Prozesse,* München 1978 (Theorie der Geschichte, 2) S. 330–362, bes. S. 334 ff.
6 K. Lorenz, *Das sogenannte Böse,* Wien 1963, S. 352; K. O. Apel, *Funkkolleg Praktische Philosophie/Ethik* (1980/81), 1. und 2. Kollegstunde.
7 J. G. Herder, *Abhandlung über den Ursprung der Sprache* (1772), Stuttgart 1966 (Reclams Universal-Bibliothek, 8729), S. 25.
8 M. Landmann, *De homine. Der Mensch im Spiegel seines Gedankens,* Freiburg i. Br. / München 1962, S. 42 f.
9 G. W. Leibniz, *Théodicée,* in: *Die philosophischen Schriften,* hrsg. von C. I. Gerhardt, Berlin 1875–90, Bd. 6, Nachdr. Hildesheim 1961, S. 409; I. Kant, »Principiorum primorum cognitionis metaphysicae nova dilucidatio«, in: *Gesammelte Schriften,* hrsg. von der Preußischen Akademie der Wissenschaften, Bd. 1, Berlin 1902, S. 405.
10 Vgl. D. L. Hart, *Der tiefenpsychologische Begriff der Kompensation,* Zürich 1956.
11 J. Burckhardt, *Gesammelte Werke,* Bd. 4, Stuttgart 1970, S. 191 ff.
12 R. W. Emerson, »Compensation«, in: *The Complete Works,* Bd. 2/3, London 1904 (Centenary Edition), S. 91–127, bes. S. 115.
13 Vgl. O. Marquard, »Glück im Unglück«, in: G. Bien (Hrsg.), *Die Frage nach dem Glück,* Stuttgart 1978, bes. S. 100 f.
14 P.-H. Azaïs, *Des compensations dans les destinées humaines,* Paris ^{3}1818, Bd. 1, S. XII.
15 O. Marquard, »Idealismus und Theodizee« (1965), in: O. M., *Schwierigkeiten mit der Geschichtsphilosophie,* Frankfurt a. M. 1973, S. 52–65 und 167–178.
16 C. v. Linné, *Nemesis Divina,* hrsg. von W. Lepenies und L. Gustafsson. München 1981, S. 321–358.
17 O. Marquard, »Kompensation«, S. 346 ff.
18 W. Lepenies, *Das Ende der Naturgeschichte. Wandel kultureller Selbstverständlichkeiten in den Wissenschaften des 18. und*

19. Jahrhunderts, Frankfurt a. M. 1978; W. L., »Naturgeschichte und Anthropologie im 18. Jahrhundert«, in: B. Fabian / W. Schmidt-Biggemann / R. Vierhaus (Hrsg.), *Studien zum 18. Jahrhundert II/III*, München 1980, S. 211–226.

19 Vgl. O. Marquard, *Abschied vom Prinzipiellen*, Stuttgart 1981 (Reclams Universal-Bibliothek, 7724), S. 45 ff.

20 Vgl. die für die Analytik des Schönen bedeutsamen Begriffe mit der Bauform »Zweckmäßigkeit ohne Zweck« in Kants *Kritik der Urteilskraft.*

21 R. M. Rilke, *Duineser Elegien* 1, Z. 16/17. – Ich weise hin auf ein nach dem Innsbrucker Kongreß erschienenes eindrucksvolles und themaeinschlägiges Buch, auf das Wolf Lepenies mich aufmerksam gemacht hat: J. Svagelski, *L'idée de compensation en France 1750–1850*, Lyon 1981.

Philosophie des Stattdessen

Einige Aspekte der Kompensationstheorie

Je moderner die moderne Welt wird, desto unvermeidlicher werden die Geisteswissenschaften. Der Versuch, diese These – etwa in meinem Vortrag »Über die Unvermeidlichkeit der Geisteswissenschaften«, den ich 1985 vor der Westdeutschen Rektorenkonferenz in Bamberg gehalten habe[1] – durch eine Kompensationstheorie der Geisteswissenschaften zu begründen, hat zwar – meiner Erfahrung nach – bei Politikern und Wissenschaftsadministratoren guten Willen mobilisiert und mit Argumenten ausgestattet, die Geisteswissenschaften zu fördern. Zugleich aber hat sie Widerspruch hervorgerufen. Dieser Widerspruch gegen die Kompensationstheorie der Geisteswissenschaften kam vor allem von Geisteswissenschaftlern: ihnen war sie nicht edel genug. Durch ihren Protest haben sie die heutige Neigung begünstigt, die Geisteswissenschaften wegzusparen. Das hätte sich, meine ich, durch Klugheit vermeiden lassen: zum Beispiel durch Zustimmung zur Kompensationstheorie der Geisteswissenschaften. Denn es besteht kein Grund, die Kompensationstheorie der Geisteswissenschaften fallenzulassen. Ganz im Gegenteil: Es ist an der Zeit, die Kompensationstheorie der Geisteswissenschaften erneut aufzunehmen und fortzusetzen. Dazu möchte ich hier einige flankierende Überlegungen beitragen, und zwar in folgenden vier Abschnitten: 1. Kompensationstheorie der Geisteswissenschaften; 2. Erhaltungssätze und negative Kompensationen; 3. Negativitätsbedarf und Positivitätsverdrängung; 4. Philosophie des Stattdessen. Ich beginne – den Üblichkeiten entsprechend – mit Abschnitt:

1. *Kompensationstheorie der Geisteswissenschaften*

Naturwissenschaften und Geisteswissenschaften treiben auseinander in »zwei Kulturen«: das meinte 1959 Charles Percy Snow.[2] Doch diese wirkungsreiche These von Snow ist *snow* von gestern. Sie veranschlagt zu wenig, daß die Wissenschaften nicht nur auseinandertreten, sondern vor allem auch zusammengehören. Diese Zusammengehörigkeit hat – ebenfalls Ende der fünfziger Jahre – Joachim Ritter[3] unterstrichen durch seine Kompensationstheorie der Geisteswissenschaften, die Hermann Lübbe und ich seit Anfang der siebziger Jahre zugespitzt haben[4] und die zwischen Geisteswissenschaften und Naturwissenschaften die Zusammengehörigkeitsform der Kompensation geltend macht.

Diese Theorie verabschiedet ein gängiges Vorurteil: daß nämlich die Geisteswissenschaften die älteren und die Naturwissenschaften die jüngeren Wissenschaften seien. Denn es ist gerade umgekehrt. Der Etablierungszeitraum der exakten Naturwissenschaften beginnt im 16. Jahrhundert, der Etablierungszeitraum der Geisteswissenschaften beginnt im 18. Jahrhundert. Die – exakten – Naturwissenschaften sind älter als die Geisteswissenschaften; die Geisteswissenschaften sind jünger als die – exakten – Naturwissenschaften, weil sie auf die modernen – die exakten: die messenden und experimentierenden – Naturwissenschaften allererst antworten.

Die modernen – exakten – Naturwissenschaften müssen, um exakt zu sein, die Wirklichkeit laborfähig und ihre Wissenschaftler austauschbar machen und dafür die Geschichten neutralisieren, aus denen die menschliche Lebenswelt besteht. Für den exakten Wissenschaftler muß es gleichgültig sein, aus welchen – sprachlichen, religiösen, kulturellen, familiären – Traditionen er kommt; nur so – austauschbar, weil geschichtsneutral – kann er messend und experimentierend zu welteinheitlich nachprüfbaren Resultaten kommen. Die exakten Wissenschaften sind in diesem Sinne grundsätzlich »geschichtslos«;[5] denn die lebensweltlichen Geschichten, in denen der Wissenschaftler steht, werden gerade ausgeklammert: sie werden neutralisiert. Dadurch entsteht unvermeidlicherweise die Frage: Wer – wenn nicht die exakten Naturwissenschaften – kümmert sich um das, was die Laborwissenschaften, um exakt zu sein, notwendigerweise ausklammern müssen: eben die lebensweltlichen Geschichten? Als Antwort auf diese spezifisch moderne Frage entstehen – spezifisch modern – die Geisteswissenschaften, die sich – zum Ausgleich der Geschichtslosigkeit der exakten Wissenschaften: kompensatorisch – um die lebensweltlichen Geschichten kümmern und sie – als erzählende Wissenschaften – festhalten, indem sie – etwa – Bewahrungsgeschichten, Sensibilisierungsgeschichten und Orientierungsgeschichten erzählen: im Kontext der – spezifisch modernen – Ausbildung des historischen und ökologischen Sinns, des ästhetischen Sinns und – insbesondere in Deutschland – als verspätete Moralistik der verspäteten Nation. Das notwendige und fruchtbare Defizit der exakten Wissenschaften – ihre Geschichtslosigkeit – erzwingt spezifisch modern seine Kompensation durch ein Organ für die Geschichten: eben die Geisteswissenschaften. Darum machen die modernen Naturwissenschaften die Geisteswissenschaften nicht etwa – wie man zuweilen hören kann – überflüssig, sondern sie machen sie allererst nötig. Die modernen Naturwissenschaften sind nicht die Todesursache, sondern vielmehr die Geburtsursache der Geisteswissenschaften. Wenn die exakten Naturwissenschaften, die für die laborfähigen Objekte da sind, modern sind, sind die Geisteswissenschaften, die für die lebensweltlichen Geschichten da sind, erst recht modern. Und der Erfolg der exakten Naturwissenschaften löscht und mindert also nicht, sondern er erzeugt und steigert vielmehr den Bedarf an Geisteswissenschaften. Anders gesagt: Je moderner die moderne Welt wird, desto unvermeidlicher werden die Geisteswissenschaften.

Diese Rolle als Kompensation und Korrektiv haben die Geisteswissenschaften – im Zusammenhang der modernen historischen, ästhetischen und moralistischen Kultur, zu der sie gehören – auch gegenüber jener Geschichtsphilosophie, die den Menschen (jedem Menschen für sich und allen Menschen zusammen) nicht zwar keine, wohl aber nur eine einzige Geschichte zu haben erlaubt: die Alleingeschichte des Fortschritts zum universalen Geschichtsziel, dem diesseitigen Einheitsheil, zu dem angeblich alle Menschen unterwegs sein müssen und dem sich niemand in Eigen- und Sondergeschichten entziehen darf. Wo zur modernen Welt – seit, wie Reinhart Koselleck es formulierte, der »großen Zeit der Singularisierungen«,[6] der »Sattelzeit« ab 1750 – die Geschichtsphilosophie gehört, die diese Einheitsgeschichte proklamiert, die (gegebenenfalls beschleunigt durch revolutionäre Avantgarden) alle anderen Geschichten überholt und abhängt, so daß nur noch diese eine Geschichte des großen Universalfortschritts übrigbleibt, braucht es – gegenläufig – die Geisteswissenschaften, um den Plural der Geschichten festzuhalten und die Vielfalt der Geschichten zu retten, ohne die die Menschen nicht Menschen sein könnten. Die Menschen sind ihre Geschichten; menschlich bleiben sie durch Gewaltenteilung des Geschichtlichen: dadurch, daß sie nicht nur eine, sondern viele Geschichten haben. Die Geisteswissenschaften entstehen modern und gerade modern – angesichts der fortschrittsphilosophischen Tendenz zur Geschichtsuniformierung – als Geschichtenpluralisierungsagentur, die die Neigung zur Einheitsgeschichte durch Kultur der Geschichtenvielfalt – durch Kultur der vielen Bücher: der Literatur; durch Pflege der vielen Lesarten und Verständnisse: der Hermeneutik; durch Sensibilität für viele Sprachen und Sitten: den Sinn für Pluralität und Individualität – kompensiert und dadurch kritisiert, so daß auch hier gilt: Je moderner die moderne Welt wird, desto unvermeidlicher werden die Geisteswissenschaften.

Das also – was ich hier nur durch einige Hinweise in Andeutungen skizziert habe – macht sie geltend: die Kompensationstheorie der Geisteswissenschaften.

2. *Erhaltungssätze und negative Kompensationen*

Diese Kompensationstheorie der Geisteswissenschaften gehört zu den Kompensationstheorien und heißt Kompensationstheorie, weil für sie der Kompensationsbegriff zentral ist. Dieser Kompensationsbegriff – nota bene – kommt philosophisch zunächst aus der Theodizee (Gott – schrieb Leibniz – hat die Übel durch Annehmlichkeiten »kompensiert«); erst dann wurde er zur psychoanalytischen Vokabel und – bei Helmuth Plessner und Arnold Gehlen – zum Leitbegriff der Anthropologie sowie – bei Joachim Ritter – zum Bestandteil der Theorie der modernen Welt.

Kompensationen sind der Ausgleich von Mangellagen durch ersetzende oder wiederersetzende Leistungen. Die Kompensationstheorie rechnet dabei nicht nur mit Einzelkompensationen, sondern auch mit Kompensationsensembles (mit Kompensationssyndromen), die zu relativ wandlungsresistenten Ausgleichslagen zusammenwirken, für die sich Erhaltungssätze formulieren lassen. Erhaltungssätze kennt man primär aus den Naturwissenschaften: etwa den Energieerhaltungssatz. Ich vermute waghalsig, daß man – zumindest versuchsweise – Erhaltungssätze auch kulturbezüglich formulieren kann mit der Grundstruktur: die Menge an x bleibt – zumindest längerfristig – dadurch konstant, daß Minderungen an einer Stelle durch Mehrungen an anderer Stelle ausgeglichen werden. Ein komplexes Beispiel ist dieses: In der modernen Welt wird die rationalisierungsbedingte »Entzauberung« der Wirklichkeit (Max Weber) ausgeglichen durch die spezifisch moderne Entwicklung des »ästhetischen« Faszinationspotentials:[7] der Saldo aus Entzauberung und Bezauberung bleibt quasi konstant. Dabei handelt es sich um Konstanten – wandlungsresistente Lagen –, die durch Kompensationen aufrechterhalten werden: Bestimmte Verhältnisse bleiben konstant bzw. im Gleichgewicht, weil Verluste durch Gewinne und Gewinne durch Verluste kompensiert werden. Diese Optik der Balance prägt den Ansatz der Kompensationstheorien,[8] zu denen die Kompensationstheorie der Geisteswissenschaften gehört.

Diese Kompensationstheorie der Geisteswissenschaften also wurde kritisiert: vor allem – ich sagte es schon – durch Geisteswissenschaftler; denn ihnen war die Kompensationstheorie der Geisteswissenschaften nicht edel – nicht absolut – genug. Ihr Einwand[9] meint: Die Kompensationstheorie der Geisteswissenschaften verstößt – durch ihren Zentralbegriff, den Kompensationsbegriff – gegen das Affirmationsverbot und verletzt die Pflicht, die Geisteswissenschaften zur absoluten erlösenden Maßnahme oder sonstwie zum Unerhörten, Edlen und Heiligen zu machen. Kompensationen – heißt es dann – unterbieten dieses absolute Pensum, denn sie sind bloße Schönfärbereien. Dieser Einwand ist – neben mehreren anderen Gründen – schon allein deswegen problematisch, weil es keineswegs nur angenehme, sondern durchaus auch unangenehme Kompensationen gibt. Die »Natur« – diese Kompensationsformulierung habe ich zuerst von Wilhelm Szilasi gehört – »ist gerecht: macht sie ein Bein kurz, macht sie das andere dafür umso länger«. Es gibt negative – unbehagliche – Kompensationen und darum auch eine kulturelle Kompensationsdynamik, die sich in entsprechenden negativen Erhaltungssätzen formulieren läßt, von denen ich hier vier – in diesem Abschnitt zunächst drei – kurz andeute. Da ist:

a) der Satz der Erhaltung der Konfusion. Ein Minimum an Unordnung wird – gerade auch kulturell – stets wiederhergestellt. Wo sie durch Ordnung gestört wird, wird diese Störung alsbald beseitigt. Ordnung – hat Aristoteles gesagt – ist eine *steresis*, *privatio*, Beraubung: Ein Hausbau raubt einem Steinhaufen seine Haufenhaftigkeit. Gerade auch ein Mangel an Chaos erzwingt dann seinen Ausgleich: eine Kompensation im Dienste der Erhaltung des Durcheinanders; darum vielleicht stürzen Häuser schließlich ein. Wer das Planungswesen – z. B. das Bildungsplanungswesen – beobachtet, kann zum Schluß kommen, diese Ausgleichsbewegung sei die wahrscheinlichere; sie ist die Erhaltung der Konfusion unter Verwendung ihrer Beseitigung als Mittel. Da ist:

b) der Satz der Erhaltung des moralischen Empörungsaufwandes. Verminderte Empörung hier wird ersetzt durch vermehrte Empörung dort. Je mehr Gewissen man »ist«, desto weniger Gewissen braucht man zu »haben«. Man erspart sich das Tribunal, indem man es wird. Darum gibt es die Kumpanei zwischen Libertinage und Rigorismus. In permissiven Gesellschaften wird die Permission durch stellvertretende Rigorismen (bis hin zur rigoristischen Verteidigung der Permission) kompensiert: indem man – beispielsweise – zwar die Rechte der Schwachen (etwa die von Randgruppen und Tieren) stark macht, aber zugleich (etwa im Namen der Selbstverwirklichung) die Rechte der Schwächsten – z. B. menschlicher Embryos – überhaupt nicht mehr wahrnimmt und nicht einmal mehr für diskussionsbedürftig hält. Das Quantum an moralischer Empörung bleibt konstant: je mehr man sie an einer Stelle steigert, desto mehr nimmt sie an anderer Stelle ab. Es gibt einen Entmoralisierungseffekt der Hypermoralisierung und umgekehrt einen Rigorismuseffekt der Libertinage. Da ist:

c) der Satz der Erhaltung der Naivität. Die Erhaltung der Naivität unterstützt die anderen unbehaglichen Erhaltungen. Die Überzeugung »Mir kann das nicht passieren, ich bin ja so reflektiert« stimmt häufig gerade nicht; ganz im Gegenteil: Je mehr Reflexion man an einer Wirklichkeitsfront konzentriert, desto leichter kommt die Naivität zum Sieg an den anderen. Darum – zum Beispiel – werden heute gerade die argwöhnischsten Reflexionsprofis so mühelos zu vertrauensseligen und gläubigen Rousseauisten, die – wie einst Rousseau selber – ausgerechnet den Satz »Die Menschen sind gut« zur Grundlage eines Verfolgungswahns machen, der die

Wissenschaft und Technik zur Weltzerstörung ernennt. Insofern gibt es einen Naivisierungseffekt der Reflexion, und der Saldo aus Reflexion und Naivität bleibt – scheint es – unerfreulich konstant. Man darf angesichts meiner Ausführungen gern feststellen, daß das auch bei mir so ist.

Erhaltungssätze dieser Art schildern negative Kompensationen: die unbehaglichen, die ganz und gar ungeeignet sind, als Schönfärbereien zu wirken. Zugleich sind es negative Kompensationen, die zu Schönfärbereivorwürfen disponieren: sie sind Schlimmfärbereien, die dazu verführen, die vorhandene Wirklichkeit als in Wahrheit schrecklich wahrzunehmen, so daß Milderungen dieser Wahrnehmung – etwa durch die Konstatierung positiver Kompensationen – dann als Schönfärbereien gelten müssen. Wohl am meisten disponiert dazu ein – vierter – kulturdynamischer Erhaltungssatz, den ich im folgenden Abschnitt behandeln möchte, im Abschnitt:

3. *Negativitätsbedarf und Positivitätsverdrängung*

Dieser vierte kulturdynamische Erhaltungssatz ist der Satz der Erhaltung des Negativitätsbedarfs. Wo Kulturfortschritte wirklich erfolgreich sind und Übel wirklich ausschalten, wecken sie selten Begeisterung: sie werden vielmehr selbstverständlich, und die Aufmerksamkeit konzentriert sich dann auf jene Übel, die übrigbleiben. Dabei wirkt das Gesetz der zunehmenden Penetranz der Reste: Je mehr Negatives aus der Wirklichkeit verschwindet, desto ärgerlicher wird – gerade weil es sich vermindert – das Negative, das übrigbleibt. Knapper werdende Güter werden immer kostbarer; knapper werdende Übel werden negativ kostbarer: sie werden immer plagender, und Restübel werden schier unerträglich (darum ängstigen heute weniger die Risiken, viel mehr die Restrisiken). Wer – fortschrittsbedingt

– unter immer weniger zu leiden hat, leidet unter diesem Wenigen immer mehr: er ähnelt der »Prinzessin auf der Erbse«, die, weil sie unter nichts Anderem mehr zu leiden hatte, nun unter einer Erbse litt.[10] Denn vielleicht bleibt der Leidensbedarf der Menschen in etwa konstant; und so leiden die Menschen – wo ihnen andere Leidensmöglichkeiten genommen werden – zum Ersatz schließlich unter dem, was ihnen die Leiden erspart: also etwa am Kulturfortschritt, und zwar gerade dann, wenn er erfolgreich ist; darum wird er, statt daß er dankbar gelobt wird, zunächst selbstverständlich und dann zum Feind. Je besser es den Menschen geht, desto schlechter finden sie das, wodurch es ihnen besser geht: Die Entlastung vom Negativen – gerade sie – verführt zur Negativierung des Entlastenden. Das bedeutet im Blick auf die Kultur und ihre Fortschritte: Je mehr Übel sie besiegt, desto stärker wird die Neigung, die Kultur – je moderner, desto mehr – selber als Übel zu erfahren: Die Positivitätsgewinne der Kultur – insbesondere der modernen Kultur – werden negativ kompensiert durch die zunehmende Neigung, die vorhandene Kultur – insbesondere die moderne und bürgerliche – negativ wahrzunehmen, also durch wachsenden Negativitätsbedarf.

So führt gerade der Positivitätsgewinn – durch die kompensatorische Erhaltung des Negativitätsbedarfs – zur Positivitätsverdrängung. Dadurch entstehen Affirmationsverbote und die Neigung zu Pflichten, die vorhandene Wirklichkeit negativ – als schlimm und schrecklich – wahrzunehmen. Es gehört sich – scheint es – einfach nicht, an der vorhandenen Wirklichkeit gute Seiten zu entdecken; es kommt vielmehr darauf an, ihr nur noch Schlimmes zuzutrauen. Jeder Optimismus ist ruchlos; denn was ist, ist schrecklich: bestenfalls Krise, und jedenfalls ganz und gar negativ. Affirmationen sind – scheint es dann – falsches Bewußtsein: Sie werden verboten. Die adäquate Wirklichkeitswahrnehmung ist – scheint es – die der Negationisten. Die vorhandene Wirklichkeit hat also diesen Negativitätsbedarf zu decken: sie muß schlechthin das Negative sein; das Positive wird verdrängt.

Zustimmungsfähig ist in dieser negativen Welt – scheint es – dann nur noch das Gegenteil der Zustimmung: das absolute Nein zu diesem Negativen. Menschliche Aktivitäten – einschließlich der Geisteswissenschaften – scheinen dann legitimierbar nur noch durch ihren Negationsappeal: als Bestandteile des Unternehmens, diese negative Wirklichkeit zu zerstören. Darum sind dann auch die Wissenschaften und gerade die Geisteswissenschaften nur noch als Bruch mit der vorhandenen Wirklichkeit gerechtfertigt. Wer nicht oder zu wenig mit ihr bricht, ist – scheint es dann – böse, denn er ist »kulturkonservativ«.[11] Nur das Gegenteil dieses Konservatismus ist – scheint es – goutierbar; die menschlichen Aktivitäten – einschließlich der Geisteswissenschaften – sind menschlich nur dann, wenn sie nicht »kulturkonservativ«, sondern kulturrevolutionär sind: Negationen der negativen Welt.

Zu diesem absoluten Nein mit seinen Positivitätsverdrängungen gehört dann, daß die positiven Kompensationen – die in der Tat dieses absolute Nein nicht sind – geleugnet oder als reaktionär angegriffen werden. Aber es gibt diese positiven Kompensationen, und sie lindern das Schreckliche in der Welt. Das Mängelwesen Mensch kompensiert seine physischen Mängel durch die Kultur. Zu dieser Kompensationsphilosophie des Menschen gehören die Kompensationstheorien des Menschlichen,[12] die – angesichts der spezifisch modernen Defizienzen – die spezifisch modernen positiven Kompensationen geltend machen. Gerade weil die moderne Welt »geschichtslos« wird, wird gerade in ihr – kompensatorisch – das Geschichtliche zum großen Positivthema. Zur modernen Fortschritts- und Innovationskultur, die auf Emanzipation aus den Traditionen setzt, zum Wegwerfen zwingt und schließlich sogar die lebensweltlichen Geschichten wegwirft, gehört – als Kompensation – spezifisch modern die Ausbildung des historischen Sinns: die

Blüte der Erinnerungs- und Bewahrungskultur, der Siegeszug der erzählenden Kunst des Romans, die Konjunktur der historischen Orientierung nach rückwärts und vorwärts. Gerade weil die moderne Welt die Menschen zu austauschbaren Funktionsträgern versachlicht, reüssiert – kompensatorisch – gerade modern die Innerlichkeit. Zur modernen Kultur der Gleichheit gehört – kompensatorisch – die moderne Beförderung der Ungleichheit: der Subjektivität und Individualität und der institutionellen Maßnahmen zu ihrem Schutz, etwa der Durchsetzung der Menschenrechte, des angstfreien Andersseindürfens für alle. Globalisierung wird kompensiert durch Regionalisierung. Die Universalisierungstendenzen der modernen Welt werden kompensiert durch ihre Tendenzen zur Pluralisierung und umgekehrt. Gerade weil modern in der technischen Welt immer mehr zum Artefakt wird, entwickelt sich – von der spezifisch modernen Entdeckung der »Landschaft« bis zur Ökologie – als Kompensation gerade in ihr der Sinn für die unberührte Natur. Gerade weil modern die Wirklichkeit durch Rationalisierung »entzaubert« wird, werden nun – kompensatorisch – ihre faszinierenden Züge (ihre Schönheiten) gerade festgehalten durch die »ästhetische« Kunst, die modern dafür allererst entsteht. Zur modernen Veränderungsbeschleunigung gehören kompensatorische Langsamkeiten: der Sinn für Kontinuitäten. Und als Teil dieser modernen Kompensationskultur entstehen die Geisteswissenschaften: So gehört zur Kompensationstheorie der modernen Welt – als ihre Teilmenge – die Kompensationstheorie der Geisteswissenschaften.

4. *Philosophie des Stattdessen*

Die Kritiker dieser Kompensationsphilosophie – die übrigens dort zur Nichtkrisentheorie der Moderne zu werden vermag, wo (was derzeit der Fall ist) die exaltierte Fortschrittstheorie wankt[13] – erklären zum Mangel und Fehler der positiven Kompensationen, was doch ihr Vorzug ist: daß Kompensationen nur – relativ – kompensieren und nicht – absolut – erlösen. Sie lindern nur, sie heilen nicht. Kompensationen sind keine absoluten, sondern sie sind endliche Vorgänge und Maßnahmen, die darum für den Menschen angemessen sind und in der Reichweite des Menschen bleiben, der eben kein absolutes, sondern ein endliches Wesen ist. Wer mehr will als Kompensationen, schürt im Endlichkeitsfelde der Menschen die Absolutheitsillusion, also den Größenwahn.[14] Wer – wie die Kompensationstheorie, also auch die Kompensationstheorie der Geisteswissenschaften, die die Geisteswissenschaften nicht als absoluten Geist, sondern die sie als nicht-absoluten (nämlich als kompensierenden) Geist begreift – auf diesen Größenwahn (die Absolutheitsillusion) verzichtet, raubt dem Menschen keine Absolutheit, denn diese Absolutheit hat er ja nicht. Er beschränkt sich vielmehr aufs Endliche: Das ist – ich wiederhole es – nicht schlimm, sondern es ist vielmehr gut. Daß Kompensationen keine absoluten, sondern endliche Vorgänge und Maßnahmen sind: das spricht nicht gegen die Kompensationen, sondern es spricht vielmehr für sie. Die Kompensationsphilosophie begreift den Menschen statt als absolutes vielmehr als endliches Wesen. Das läßt sich durch folgende fünf Befunde (a–e) unterstreichen und konkretisieren. Die Kompensationstheorie – auch und gerade die der Geisteswissenschaften – bestimmt den Menschen:

a) statt als triumphierendes vielmehr »nur« als kompensierendes Lebewesen.[15] Das ist keine Schwäche der Kompensationstheorie, sondern gerade ihr Vorzug; denn es vermeidet Absolutheitsillusionen, indem es die menschliche Endlichkeit respektiert. Der Mensch ist mehr seine Widerfahrnisse als seine Leistungen. Er ist nicht nur das handelnde, sondern vor allem auch das leidende Wesen: darum ist er seine Geschichten; denn Geschichten sind Handlungs-Widerfahrnis-Gemische. Mehr als durch seine Ziele ist er bestimmt durch seine Hinfälligkeiten: seine Mortalität limitiert seine Finalität; er ist nicht zur Vollendung, sondern »zum Tode«. Er lebt nicht primär auf etwas hin, sondern vor allem von etwas weg: der Mensch ist überwiegend nicht Zielstreber, sondern Defektflüchter. Er sammelt und steigert nicht nur Selektionsvorteile, sondern er macht vor allem Nachteile wett: er schreitet fort, indem er sich entlastet. Er eilt nicht von Sieg zu Sieg, sondern muß Niederlagen und Schwächen ausgleichen: der Mensch triumphiert nicht, sondern er kompensiert. – Die Kompensationstheorie – auch und gerade die der Geisteswissenschaften – bestimmt den Menschen:

b) statt als schrankenlos innovatives vielmehr »nur« als anknüpfendes Lebewesen. Das ist keine Schwäche der Kompensationstheorie, sondern gerade ihr Vorzug; denn es vermeidet Absolutheitsillusionen, indem es die menschliche Endlichkeit respektiert. Daß Kompensationen »nach« dem kommen, was sie kompensieren, ist kein Defekt, sondern menschlich. Denn Menschen – die nicht genug Zeit haben, um sich zur Prämisse ihrer selbst zu machen – sind nachträgliche Lebewesen; ihre Aktivitäten sind nicht *ex nihilo*, sondern sie »antworten« auf vorgegebene Lagen; selbst Avantgarden kommen post festum. Darum halten Menschen den absoluten Bruch mit der vorhandenen Wirklichkeit nicht aus: weil sie stets allzubald sterben, haben sie einfach nicht die Zeit zum absoluten Bruch. Selbst bei den Wissenschaften – und gerade bei den Geisteswissenschaften – muß im Bruch Kontinuität sein:[16] Zukunft braucht Herkunft; Neues ist möglich und wirklich, aber nicht ohne das Alte. Denn die Menschen sind »hypoleptische«, sie sind anknüpfende Lebewesen. – Die Kompensationstheorie – auch und gerade die der Geisteswissenschaften – bestimmt den Menschen:

c) statt als ausschließlich universalisierendes vielmehr »auch« als pluralisierendes Lebewesen. Das ist keine Schwäche der Kompensationstheorie, sondern gerade ihr Vorzug; denn es vermeidet Absolutheitsillusionen, indem es die menschliche Endlichkeit respektiert. Nur eine der menschlichen Kulturen ist die Kultur des Universellen; es wäre nicht gut, wenn sie die einzige wäre. Denn der Mensch muß viele Kulturen – viele Geschichten – haben, um menschlich zu bleiben. Darum ist das Universelle vor allem als Bedingung von Pluralisierungen gerechtfertigt: z. B. die – universellen – Menschenrechte sind institutionelle Garantien für die Pluralität der Menschen; Gleichheit ist angstloses Andersseindürfen für alle. Individuen sind die Menschen nicht durch ihre ursprüngliche Souveränität, sondern durch Gewaltenteilung: indem sie durch mehrere Wirklichkeiten – mehrere Fortschritte, mehrere Geschichten, mehrere Überzeugungen, mehrere Traditionen, mehrere politische, ökonomische und sakrale Gewalten, mehrere Kulturen – determiniert werden, die einander durch Determinationsgedrängel beim Determinieren behindern und einschränken; dadurch – also durch die Pluralität ihrer Wirklichkeiten – gewinnen die Menschen ihre individuelle Freiheit gegenüber dem Alleinzugriff einer jeden. Weil die Philosophie des einen großen Alleinfortschritts hin zum profanen Einheitsheil für alle in die Krise geraten ist, wird die Mehrzahl verschiedener Fortschritte bedeutsam und werden darum die Kompensationen wichtig; denn Kompensationen sind – vielgestaltige – Fortschritte im Plural. Menschlich sind kompensierende Fortschritte, die in verschiedene Richtungen gehen: auch in Richtung aufs Universale, aber auch in andere Richtungen. Und die Menschen kompensieren sogar jene Zeitknappheit, die – endlichkeits-, d. h. sterblichkeitsbedingt – dadurch entsteht, daß wir nur ein einziges Leben haben, durch Lebenspluralisierung: indem wir Mitmenschen haben und durch Kommunikation mit ihnen ein wenig auch ihre Leben leben. Dieser Pluralismus verlangt

Skepsis: nicht die Pflege der Ratlosigkeit, sondern den Sinn für Gewaltenteilung. – Die Kompensationstheorie – auch und gerade die der Geisteswissenschaften – führt:

d) statt zu einer Totalitätsphilosophie vielmehr »nur« zur Kultur der Grenzreaktionen. Das ist keine Schwäche der Kompensationstheorie, sondern gerade ihr Vorzug; denn es vermeidet Absolutheitsillusionen, indem es die menschliche Endlichkeit respektiert. Die Kompensationsphilosophie hält die Aufgabe der Philosophie, das Ganze zu denken, unter Endlichkeitsbedingungen und dort fest, wo es – modern – Schwierigkeiten macht, dieses Ganze altmetaphysisch als jenen Kosmos, jene Schöpfung, jenes System zu begreifen, in deren – hierarchischer – Ordnung Jegliches seinen genau definierten Platz hat. Darum wird nun – neumetaphysisch, also etwa kompensationstheoretisch – der Sinn für das Ganze festgehalten durch die Verpflichtung, nichts auszulassen, nichts übersehen und das Unbemerkte merken zu wollen. Wer in der – modernen – Wirklichkeit nicht nur die Ausgrenzungen bemerkt, sondern auch ihre Kompensationen, sieht mehr Wirklichkeit, als offiziell vorgesehen. Er pflegt die Einbeziehung des Ausgeschlossenen; er geht nicht aufs Ganze, doch auf Ergänzungen ohne Ganzes; er kultiviert insbesondere auch die Übertretung von Merkverboten. Helmuth Plessner sprach hier von »Grenzreaktionen«[17] und meinte unter anderem das Lachen: Es gibt ja nicht nur das Auslachen, das Grenzen schließt und Wirklichkeiten weglacht, sondern vor allem auch – das hat Joachim Ritter betont[18] – das humoristische Lachen und Lachen über sich selbst, das Grenzen öffnet, so daß man sich dadurch neue Wirklichkeiten anlacht. Zu diesen Grenzreaktionen, die gebaut sind wie das Lachen, gehören die Vernunft und die Philosophie,[19] die ihr altes Pensum, das Ganze zu denken, so – also etwa kompensationstheoretisch – auf bescheidene Weise wahrt, indem es ihr darauf ankommt, möglichst nichts zu übersehen. Sie verweigert Merkverweigerungen und erspart uns Selbstbornierungen: durch den Verzicht auf die Anstrengung, dumm zu bleiben. Gerade kompensationstheoretisch gilt: Philosophie ist, wenn man trotzdem denkt. – Die Kompensationstheorie – auch und gerade die der Geisteswissenschaften – ist so:

e) statt einer absoluten Philosophie vielmehr »nur« eine Philosophie des Stattdessen. Das ist keine Schwäche der Kompensationstheorie, sondern gerade ihr Vorzug; denn es vermeidet Absolutheitsillusionen, indem es die menschliche Endlichkeit respektiert. Menschen haben kein absolutes Leben, sondern – als Entlastung vom Absoluten – ein Leben statt des absoluten Lebens; sie sind nicht der *actus purus*, aber auch nicht gar nichts, sondern etwas stattdessen.[20] Darum brauchen sie – als Ersatz für dieses Fehlen der Absolutheit oder der Nichtigkeit – Kompensationen: nicht das Absolute, sondern das Menschenmögliche. Deshalb gehört zur Kultur das Symbolische, wobei man berücksichtigen sollte: zu den altgriechischen Vorgängerwörtern von *compensatio* gehört möglicherweise *symbolon*.[21] Der Homo compensator ist Homo symbolicus:[22] er lebt in der Kultur, einer Wirklichkeit statt jener primären und absoluten Wirklichkeit, die er nicht aushält. So sind Kompensationen unvermeidlich für ihn: die Vizelösungen, die zweitbesten Möglichkeiten, das, was nicht das Absolute ist, das Menschenmögliche, das Unvollkommene. Menschen sind die, die etwas stattdessen tun müssen, tun können und tun: Jeder Mensch ist – aus Mangel an Absolutheit– ein primärer Taugenichts, der sekundär zum Homo compensator wird. Justament das macht die Kompensationstheorie – auch und gerade die Kompensationstheorie der Geisteswissenschaften – geltend; darum – meine ich – sind und bleiben sie aktuell: die Kompensationstheorie der Geisteswissenschaften und all jene Kompensationsphilosophien, die Spielarten sind einer Philosophie des Stattdessen.

Anmerkungen

1 Am 5. 5. 1985. In: Westdeutsche Rektorenkonferenz (Hrsg.), *Anspruch und Herausforderung der Geisteswissenschaften. Jahresversammlung 1985*, Bonn 1985 (Dokumente zur Hochschulreform, 56), S. 47–67. Wiederabgedr. u. a. in: O. Marquard, *Apologie des Zufälligen*, Stuttgart 1986 (Reclams Universal-Bibliothek, 8351), S. 98–116. Vgl. auch: O. Marquard, »Verspätete Moralistik. Bemerkungen zur Unvermeidlichkeit der Geisteswissenschaften« (1987), in: O. M., *Glück im Unglück*, München 1995, S. 108–114.

2 Ch. P. Snow, *The Two Cultures and a Second Look*, London 1959.

3 J. Ritter, »Die Aufgabe der Geisteswissenschaften in der modernen Gesellschaft« (1961), in: J. R., *Subjektivität*, Frankfurt a. M. 1974, S. 105–140.

4 H. Lübbe, *Geschichtsbegriff und Geschichtsinteresse. Analytik und Pragmatik der Historie*, Basel/Stuttgart 1977, S. 22 und S. 304 ff.; O. Marquard, »Kompensation. Überlegungen zu einer Verlaufsfigur geschichtlicher Prozesse« (1978), in: O. M., *Aesthetica und Anaesthetica. Philosophische Überlegungen*, Paderborn 1989, S. 64–81 und S. 149–160. Zur Diskussion der Geisteswissenschaften vgl. W. Frühwald / H. R. Jauß / R. Koselleck / J. Mittelstraß / B. Steinwachs, *Geisteswissenschaften heute. Eine Denkschrift*, Frankfurt a. M. 1991.

5 J. Ritter, »Die Aufgabe der Geisteswissenschaften in der modernen Gesellschaft«, S. 130 ff.

6 R. Koselleck, *Vergangene Zukunft*, Frankfurt a. M. 1979, S. 54.

7 Vgl. O. Marquard, »Kunst als Kompensation ihres Endes« (1981), in: O. M., *Aesthetica und Anaesthetica*, Paderborn 1989, S. 113–121; vgl. auch S. 12 ff. (im Anschluß an J. Ritter).

8 Vgl. J. Svagelski, *L'idée de compensation en France 1750–1850*, Lyon 1981.

9 Ich lasse hier andere wichtige Einwände gegen die Kompensationstheorie der Geisteswissenschaften – z. B. den Funktionalismuseinwand – unbesprochen. Vgl. dazu O. Marquard, »Verspätete Moralistik«, in: O. M., *Glück im Unglück*, S. 108–114. Unbesprochen bleibt hier auch jener Einwand gegen die Kompensationstheorie der Geisteswissenschaften, den man den einheitswissenschaftlichen Einwand nennen kann. In W. Frühwald [u. a.], *Geisteswissenschaften heute*, S. 15–44, reicht J. Mittelstraß

die – kompensatorische – Zusammengehörigkeit der Wissenschaften nicht aus; er besteht auf der Einheit der Wissenschaften. Zwar bemüht er sie vorsichtig nur als »regulative Idee«. Dennoch birgt jede einheitswissenschaftliche Wissenschaftseinheitsthese die Gefahr, die Eigenart der Geisteswissenschaften einem tendenziell uniformen Wissenschaftscharakter durch Gleichschaltung zu opfern. Demgegenüber ist die Kompensationstheorie die Verteidigung eines minimalen Wissenschaftspluralismus und dadurch die liberalere Theorie. – Von den Einwänden gegen die Kompensationstheorie ist zu unterscheiden jene Zustimmung zur Kompensationstheorie, die bei den Kompensationen mit Recht immanente Vollzugsgrenzen bemerkt; so H. Lübbe, »Paradoxien des Denkmalsschutzes oder Grenzen der Kompensation«, in: Erwin-Stein-Stiftung (Hrsg.), *Festschrift für Odo Marquard aus Anlaß der Verleihung des Erwin-Stein-Preises 1992,* Gießen 1992, S. 11–20: Es gibt offenbar Grenzen der »Kapazitäten zur kulturellen Verarbeitung zivilisatorischer Änderungsdynamik« auch bei der Kompensationsdynamik.

10 Vgl. O. Marquard, »Medizinerfolg und Medizinkritik. Die modernen Menschen als Prinzessinnen auf der Erbse« (1989), in: O. M., *Skepsis und Zustimmung,* Stuttgart 1994 (Reclams Universal-Bibliothek, 9334), S. 99–109.

11 Vgl. – im Anschluß an J. Habermas, *Der philosophische Diskurs der Moderne,* Frankfurt a. M. 1985, S. 86–94, bes. S. 89 ff. – H. Schnädelbach, »Kritik der Kompensation«, in: *Kursbuch* 91 (1988), S. 35–45, bes. S. 36 und 39. Ähnlich auch: K. M. Michel, »Der Ruf nach dem Geist«, in: *Kursbuch* 91 (1988) S. 27–33; D. Groh / R. Groh, »Vize-Glück im Unglück? Zur Entstehung und Funktion der Kompensationsthese«, in: *Merkur* 501 (1990) S. 1054–66, und – vorsichtiger und differenzierter – W. Kersting, »Hypolepsis und Kompensation. Odo Marquards philosophischer Beitrag zur Diagnose und Bewältigung der Gegenwart«, in: *Philosophische Rundschau* 36 (1989) S. 161–184. Ich unterstütze gern, daß es nötig sei, »die Vieldimensionalität möglicher und nötiger Kompensationsprozesse« (Schnädelbach, »Kritik der Kompensation«, S. 42) zu sehen und »das Operieren mit einfachen Entgegensetzungen« (Schnädelbach, »Kritik der Kompensation«, S. 39) zu vermeiden: besonders auch das mit der einfachen Entgegensetzung von Konservativem (Reaktionärem) und Innovativem. So sehr ich Schnädelbach und Kersting ein-

räume, daß die Kompensationstheorie auch »normativ« zu lesen ist, und so sehr ich darauf bestehe, daß für Menschen ein reichliches Quantum an Konservatismus unvermeidlich ist, halte ich den Nexus von Kompensationstheorie und Kulturkonservatismus für eine Erfindung: es gibt viele Kompensationen, die Innovationen sind. »Die kulturkonservative Festlegung der Geisteswissenschaften durch ihre kompensationstheoretischen Verteidiger« (Schnädelbach, »Kritik der Kompensation«, S. 39) existiert nur in der Einbildung einiger Kritiker der Kompensationstheorie.

12 Im Anschluß an Herbert Schnädelbach könnte man – das habe ich zuerst mündlich von Hans Robert Jauß gehört – folgendermaßen kritisieren: Wenn »Kompensation« die Struktur der Kultur insgesamt ist, ist »Kompensation« zur Bestimmung der Struktur ihres Teilsystems »Geisteswissenschaften« zu unspezifisch. Ich wende das anders: Funktionstheorien – zu denen die Kompensationstheorie gehört – stehen in der Gefahr, zu eng zu funktionalisieren (die schlimmsten Protektoren der Geisteswissenschaften sind die, die zu genau wissen, was Geisteswissenschaften sind). Dagegen hilft der Rekurs auf das minder Spezifische: es liberalisiert. Vgl. auch: H. R. Jauß, »Laudatio für Odo Marquard«, in: O. Marquard, *Theodizeemotive in Fichtes früher Wissenschaftslehre,* Erlangen/Jena 1994 (Jenaer philosophische Vorträge und Studien, 9), S. 6–24.

13 Vgl. O. Marquard, *Skepsis und Zustimmung,* S. 40 f.

14 O. Marquard, »Zum Empfang des Ernst-Robert-Curtius-Preises«, in: *Ernst-Robert-Curtius-Preis für Essayistik 1996,* Bonn 1996, S. 57.

15 Vgl. O. Marquard, »Homo compensator«, Abschn. 4, vorl. Ausg. S. 22 ff.

16 Vgl. E. Tugendhat, »Die Geisteswissenschaften als Aufklärungswissenschaften. Auseinandersetzung mit Odo Marquard«, in: E. T., *Philosophische Aufsätze,* Frankfurt a. M. 1992, S. 453–463, der immer gut ist für Beiträge, aus denen man lernen kann: Aber er halbiert die Aufklärung, die Wissenschaften und insbesondere auch die Geisteswissenschaften zum ausschließlichen »Bruch mit der Tradition« (S. 455). Indes: Ist das »Vernunftverhältnis« (S. 455) z. B. zur Tradition der Aufklärung der Bruch mit der Aufklärung? »Die zentrale Bedeutung, die die Geisteswissenschaften für die Moderne haben, besteht [...] nicht darin, daß sie

die Moderne kompensieren, sondern daß sie sie vollziehen« (S. 455): Dieser einprägsame, aber nur halbrichtige Satz vergißt – durch die falsche Entgegensetzung von Kompensation und Vollzug – die Legierung von Bruch und Kontinuität im Vollzug; im Prozeß der Modernisierung sind gerade auch die – z. B. geisteswissenschaftlichen – Kompensationen Modernisierungsvollzüge, also »selber unüberbietbar modern« (vgl. O. Marquard, *Apologie des Zufälligen,* S. 101); und in bezug auf Traditionen – die übrigens in der Moderne intakter perennieren, als man, durch fragwürdige Absterbensthesen irritiert, meint – sind sie »Objektivierung« (S. 454) und Vollzug zugleich, wobei sekundäre Vertrautheitszugewinne möglich und wirklich sind; vgl. O. Marquard, »Felix culpa? – Bemerkungen zu einem Applikationsschicksal von Genesis 3«, in: M. Fuhrmann / H. R. Jauß / W. Pannenberg (Hrsg.), *Text und Applikation,* München 1981 (Poetik und Hermeneutik, 9), bes. S. 68–71.

17 Vgl. H. Plessner, »Lachen und Weinen. Eine Untersuchung der Grenzen menschlichen Verhaltens« (1941), in: H. P., *Gesammelte Schriften,* Bd. 7, Frankfurt a. M. 1982, S. 201–387, bes. S. 366 ff.

18 J. Ritter, »Über das Lachen« (1940), in: J. R., *Subjektivität,* Frankfurt a. M. 1974, S. 62–92.

19 O. Marquard, »Vernunft als Grenzreaktion« (1981), in: O. M., *Glück im Unglück,* München 1995, S. 39–61.

20 Vgl. O. Marquard, »Beitrag zur Philosophie der Geschichte des Abschieds von der Philosophie der Geschichte«, in: R. Koselleck / W. D. Stempel (Hrsg.), *Geschichte – Ereignis und Erzählung,* München 1973 (Poetik und Hermeneutik, 5), S. 241–250, mit dem Abschnitt »Stattdessen«, S. 241 f.

21 Denn *com,* d. h. *cum,* ist *syn,* und *pensare* bzw. *pendere* als »in die Waagschale ›werfen‹« ist *ballein:* so Peter Sittig in einem Referat im Kompensationsseminar des Autors im Sommersemester 1976 und Wintersemester 1976/77.

22 Vgl. E. Cassirer, *Versuch über den Menschen,* Frankfurt a. M. 1990. Es kann sein, daß der Kompensationsbegriff zu schwach ist, um die Anthropologie und Kulturphilosophie der symbolischen Formen mitzuumgreifen. Mir kommt es zunächst nur darauf an, auf eine mögliche Verbindung hinzuweisen. Im übrigen bin ich für Treue: auch in bezug auf Termini, also auch beim Gebrauch des Kompensationsbegriffs.

Das Zeitalter des Ausrangierens und die Kultur des Erinnerns

Kurz nach 1750 entstehen gleichzeitig der moderne Begriff des Fortschritts und die ersten Museen. Warum gleichzeitig? Die moderne Fortschrittswelt braucht – als Kompensation – in besonderer Weise die Entwicklung einer Bewahrungs- und Erinnerungskultur. Zu dieser Kompensationsthese über die moderne Erinnerungskultur – zu der mich (und nicht nur mich) vor etwa vierzig Jahren mein philosophischer Lehrer Joachim Ritter angeregt hat – gehört die Einsicht: Die Kehrseite der modernen Innovationskultur ist die zunehmende Veraltungsgeschwindigkeit; so wird die moderne Fortschrittswelt zugleich zum Zeitalter des Ausrangierens und seiner Kompensationen. Ich weise auf drei repräsentative Formen des Ausrangierens hin. Da ist:

a) die methodische Neutralisierung der Traditionswelt. Die Modernisierungskräfte des Fortschritts operieren traditionsneutral: Nur so – traditionsneutral – kann die moderne Naturwissenschaft – welteinheitlich messend und experimentierend – immer schneller zu traditionsunabhängig überprüfbaren Resultaten kommen; nur so – traditionsneutral – kann die moderne Technik gewachsene Traditionswirklichkeiten immer schneller durch artefizielle Funktionswirklichkeiten ersetzen; nur so – traditionsneutral – kann die moderne Wirtschaft ihre Produkte immer schneller zu Waren des weltweiten Handels machen. Die – zunehmend schnelle – Fortschrittswelt ist Neutralisierungswelt. Da ist:

b) das Vergessen der Traditionswelt. Wer Traditionen methodisch neutralisiert, kann wähnen, daß es diese Traditionen gar nicht gibt; sie werden vergessen. Am effektivsten vergißt, wer durch Erinnern vergißt: indem er selbst lebendigste

Traditionen zur obsoleten Vergangenheit umerinnert und sie zu bloßen Vorstufen heutiger Fortgeschrittenheit ernennt: Kunst, Religion und Philosophie zu Primitivformen der Wissenschaft; Familie, bürgerliche Gesellschaft, Nation und Staat zu Primitivformen und Hindernissen des postkonventionell universalistischen Weltzustands. Notfalls wird ihr künftiges Absterben prognostiziert. All das sind Kunstgriffe, durch Erinnern zu vergessen. Die – zunehmend schnelle – Fortschrittswelt ist Vergessenswelt. Da ist:

c) das Wegwerfen. Die Menschen sind endlich; sie haben nicht genug Zeit und Platz, um beliebig viel Neues zum Alten hinzuzunehmen. Darum muß dem Neuen Platz gemacht werden: das Alte wird weggeworfen. In der modernen Welt – wo durch das zunehmende Innovationstempo die Veraltungsmasse beschleunigt wächst – wird das Wegwerfen zum dominanten Großvorgang: so expandieren die Müllhalden und Entsorgungsdeponien. Die – zunehmend schnelle – Fortschrittswelt ist Wegwerfwelt.

Die moderne Fortschrittswelt: sie ist also zugleich das Zeitalter des Ausrangierens. Wäre das die ganze Wahrheit über die moderne und heutige Welt: dann hätten unsere Jammerathleten und Kassandren vom Dienst recht mit ihren antimodernistischen Klagen. Denn eine Welt nur des Fortschritts und des Ausrangierens würde die Menschen durch Innovationsüberforderung zugrunde richten. Aber das ist nur die halbe Wahrheit über unsere Welt; die andere Hälfte der Wahrheit über sie ist diese: Die moderne Welt des Fortschritts und des Ausrangierens ist zugleich auch Bewahrungs- und Erinnerungswelt. Sie entwickelt – kompensatorisch zum fortschreitenden Ausrangieren – kontinuitätsschützende Kräfte, die das Ausrangierte bewahren; und zum wichtigen Kompensationsorgan wird dabei die – wissenschaftliche, konservatorische, museale – Erinnerungskultur.

In der modernen Welt – gerade und nur in ihr – wird das Ausrangierte nicht nur verstoßen, sondern zugleich interessant und verehrt. So bauen – beispielsweise – unsere Environment-Künstler in ihren räumlichen Stilleben gerade das Ausrangierte nach: das Verschlissene, Zerbrochene, das an den Rand Gedrängte, den Müll; und sie setzen damit nur auf aktuelle Weise fort, was in der Romantik Caspar David Friedrich und seine Maler- und Baumeisterfreunde taten, als sie Ruinen malten oder gar bauten. Sie ehren das Ausrangierte ästhetisch just so wie die Dichter die Ausrangierten: die Taugenichtse und Außenseiter und Randgruppen, die am Fortschritt leiden und zerbrechen. So wird – in der modernen Fortschrittswelt – das Ausrangierte zugleich positiviert.

Immer mehr Vergessenes wird darum modern gerade nicht vergessen, sondern erinnert; immer mehr Wegzuwerfendes wird darum modern gerade nicht weggeworfen, sondern – um es vor dem Verschwinden zu retten – bewahrt und zunehmend in Häuser getan, die eigens für seine Bewahrung gebaut werden: die Museen, die seit Ende des 18. Jahrhunderts, vor allem aber seit dem 19. Jahrhundert und – mit beschleunigt zunehmenden Gründungsraten – in unserem Jahrhundert entstehen. Das Ausrangierte – das scheinbar Vergessene – findet Zuflucht in den Museen; wo Brauchtum und Trachten verschwinden: im Heimatmuseum; wo Gewerbeformen außer Gebrauch geraten: im Gewerbemuseum; wo Völkerstämme vom Aussterben bedroht sind: im Völkerkundemuseum; wo natürliche Arten verschwinden: im Naturschutzpark; wo Akten und Schriften ausrangiert werden: im Archiv; wo die Technik sich selber überholt: im Technikmuseum; wo Gegenwart immer schneller zur Vergangenheit wird: im historischen Museum bis hin zum »Haus der Geschichte«; wo die Kunstavantgarden in immer kürzeren Abständen zum Gestrigen werden: im Altersheim für Avantgarden, dem Museum für moderne Kunst; und so fort. Je schneller – durch Innovationen – in unserer Welt aus Gegenwart Vergangenheit wird, um so stärker wird das Interesse an der Vergangenheit. So entsteht – gerade und nur in der modernen Fortschrittswelt – der konservatorische und historische Sinn mitsamt der wissenschaftlichen Erinnerung durch die Geisteswissenschaften und der Hermeneutik als Altbausanierung im Reiche des Geistes. Niemals zuvor wurde so viel weggeworfen wie heute; doch auch niemals zuvor wurde so viel aufbewahrt wie heute: das Zeitalter der Entsorgungsdeponien ist zugleich das Zeitalter der Bewahrungsdeponien, der Museen. Zum Fortschritt des Ausrangierens gehört – und zwar unvermeidlich – die Konjunktur des Erinnerns. Modern ist der Homo faber gleichzeitig Homo conservator; und zur modernen Wegwerfgesellschaft gehört – und zwar als notwendige Kompensation – die genuin moderne Ausbildung der Bewahrungs- und Erinnerungskultur.

Durch diese doppelte Kultur – Fortschrittskultur und kompensatorische Erinnerungskultur – hält die moderne Welt das Menschliche in ihr fest; denn sie wurzelt in einer fundamentalen Menschlichkeit des Menschen: seiner sterblichkeitsbedingten Lebenskürze. Weil sein Leben kurz ist, kann der Mensch nicht warten: was er an Neuem erreichen will, muß er schneller erreichen, als der schnelle Tod ihn erreicht: so ist er zur Schnelligkeit gezwungen. Zugleich: Weil sein Leben kurz ist, kann der Mensch nicht beliebig viel Neues erreichen, ihm fehlt einfach die Lebenszeit dazu; darum bleibt er stets mehr das, was er schon war, und ist so zur Langsamkeit gezwungen. Die Fortschrittskultur der modernen Welt ist die gesteigerte Kultur seiner Schnelligkeit; die Erinnerungs- und Bewahrungskultur der modernen Welt ist die gesteigerte Kultur seiner Langsamkeit; durch sie nimmt der Mensch in die immer schneller sogleich wieder anders und dadurch fremd werdende moderne Welt das schon Vertraute mit, just so, wie die ganz jungen Kinder – für die die Wirklichkeit ja ebenfalls unermeßlich neu und fremd ist – ihre eiserne Ration an Vertrautem ständig bei sich führen und mit sich herumtragen: ihren Teddybären; denn der Teddybär – als *transitional object* – sichert ihnen Kontinuität. Die moderne Erinnerungskultur, von den Geisteswissenschaften über den konservatorischen und ökologischen Sinn bis zum Museum, ist – je moderner, desto notwendiger – das funktionale Äquivalent des Teddybären für den erwachsenen modernen Menschen in seiner Welt der beschleunigten Fortschritte, woraus man folgern darf: Je moderner die moderne Fortschrittswelt wird, desto unvermeidlicher wird für sie – als Kompensation – die Erinnerungskultur.

Kompensationstüchtigkeit

Überlegungen zur Unternehmensführung im Jahr 2005

Zunächst danke ich dafür, daß hier ein Philosoph vor Wirtschaftlern sprechen darf. Die hergebrachte Arbeitsteilung – Sie, die Wirtschaftler, liefern das Sozialprodukt, wir, die Philosophen, liefern die Weltfremdheit – halte ich, was die Zuständigkeit der Philosophen für die Weltfremdheit betrifft, nicht für gut. Darum begrüße ich Gelegenheiten zum Abbau philosophischer Weltfremdheit (wie diese heute hier) auch auf die Gefahr hin, daß dies den Philosophen in riskante Situationen bringen kann, in denen er – wie hier ich – von Managern bedrohlich umzingelt ist.

Doch – sage ich mir mutmacherisch – immerhin sind auch Manager Menschen, schon weil alle Menschen schließlich Manager sind. Denn wir Menschen: erst sind wir Babies; dann sind wir Teen-ager; schließlich werden wir Man-ager: Manager. Wir haben also – als Menschen – Gemeinsames. Und darauf baue ich, wenn ich Ihnen jetzt einige Betrachtungen eines Philosophen zumute.

Dem Philosophen geht es wie dem Unternehmensberater: er berät Experten bei Aktivitäten, für die er selber kein Experte ist. Denn der Philosoph ist nicht der Experte, sondern der Stuntman des Experten: sein Double fürs Gefährliche.

Gefährlich sind Aussagen über die Zukunft, auch wenn diese nur neun Jahre bevorsteht wie das Jahr 2005: welche Unternehmensführungstugenden werden dann wichtig sein? Ich möchte hier – über jene Tüchtigkeiten hinaus, die bei der Unternehmensführung immer wichtig sind: also etwa Verantwortungsbereitschaft, Durchsetzungsvermögen, Innovationsfähigkeit, Kommunikations- und Motivationskraft – eine Führungstugend betonen, die – meine ich – immer wichtiger werden wird. Ich möchte sie nennen: Kompensationstüchtigkeit.

Bestandteil des Wortes »Kompensationstüchtigkeit« ist das Wort »Kompensation«. Es meint den Ausgleich von Mangellagen durch ersetzende oder wiederersetzende Leistungen. In unserem Jahrhundert ist es in verschiedensten Zusammenhängen kursgängig geworden. Etwa im Umkreis der Psychoanalyse: vermeintliche oder tatsächliche Organminderwertigkeit erzwingt Kompensationen. Oder in der Ökonomie: *compensation* heißt einerseits Lohn; Kompensationsgeschäfte bezeichnen andererseits den geldvermeidenden Handel. Kompensatorische Fiskalpolitik im Sinne von Keynes und seinen Anhängern gehört – mit ihrem *deficit spending* – zur antizyklischen Wirtschaftspolitik. Von dort aus ist der Begriff in die Pädagogik gewandert: man propagierte die kompensatorische Erziehung. Im Augenblick ist Kompensation ein beliebtes Zauberwort im Zusammenhang der Steuerpolitik und des Sozialabgabenausgleichs.

Aber das Wort »Kompensation« ist nicht nur modern, es ist auch ganz alt. Ein griechisches Vorgängerwort für *compensatio* gibt es meines Wissens nicht, es sei denn – ganz wörtlich übersetzt – *symbolon* (Peter Sittig). Wenn ich das Juristenlatein der Römer einmal beiseite lasse, spielt das Wort *compensatio* eine Rolle zuerst in einer auf das Individuum bezogenen Ausgleichstheorie: in Ciceros Theorie des Weisen. Der Weise ist der ausgeglichene Mensch: der, der Schicksalsschläge, Übel, Mängel zu kompensieren vermag, indem er – zum Ausgleich – Bonitäten mobilisiert: er ist nicht aus dem Gleichgewicht zu bringen. In den Theodizeen des 18. Jahrhunderts – etwa bei Bayle, Leibniz, dem frühen Kant – wird das zu einer auf die Welt bezogenen Ausgleichstheorie: Gott hat die Übel in der Welt durch Bonitäten kompensiert; der Saldo aus Übeln und Gütern kann trotzdem negativ bleiben oder positiv sein oder Null. Kann man ihn – durch zusätzliche Kompensationen – aufbessern? Durch diese Folgefrage entstand der Utilitarismus. Wenig später wurden Kompensationsgesetze formuliert. Bei Ralph

Waldo Emerson: Alles Gute hat seinen Preis. Oder schon vor ihm – bei Antoine de Lasalle und Pierre-Hyacinthe Azaïs – umgekehrt: Jedes Unglück ist durch Glück kompensiert. »Wo aber Gefahr ist, wächst das Rettende auch« (Hölderlin); »Wer Sorgen hat, hat auch Likör« (Busch). Das kann man auch sarkastisch formulieren: Die »Natur ist gerecht: macht sie ein Bein kurz, macht sie das andere dafür umso länger« (Wilhelm Szilasi); oder: geht es den einen schlecht, geht es den anderen dafür um so besser. Darum meinte Jacob Burckhardt skeptisch, man solle mit dem »Trost«, den dieses »geheimnisvolle Gesetz der Kompensation« zu bieten verspricht, »sparsam umgehen«. Trotzdem scheint es mir nützlich, bei der Betrachtung der modernen Welt und ihrer Zukunft nicht nur auf die Modernisierungen und Globalisierungen, sondern gerade auch auf ihre Kompensationen zu blicken.

Der dominierende Trend der modernen Weltveränderung geht auf Vereinheitlichung. Besonderheiten werden neutralisiert: Nur dadurch können die harten Wissenschaften zu global überprüfbaren Resultaten kommen; nur dadurch kann die Technik Traditionswirklichkeiten global durch artefizielle Funktionswirklichkeiten ersetzen; nur dadurch – etwa durch Rekurs auf die Einheitsgröße Geld – kann die moderne Wirtschaft Produkte zu Waren des globalen Handels werden lassen; nur dadurch – durch Angleichung an das weltweit Beste und durch Einwerbung des weltweit Billigsten – kann es globalen Fortschritt geben. So herrscht die Tendenz zur weltweiten Uniformierung. Im Augenblick steht dafür das Modewort »Globalisierung«: Kapital, Arbeitskraft, Produktionsmittel und Konsum werden weltweit mobil und zunehmend orts- und traditionsunabhängig. So wird die moderne Welt zur Fortschrittswelt der zunehmenden Interdependenzen und Gleichförmigkeiten.

Wo immer mehr immer gleichförmiger wird, wird das Nicht-Gleiche – das, was anders ist als alles andere: das Besondere, das Eigentümliche – immer knapper. Was aber knapper wird, wird kostbarer: Das Nicht-Globale verschwindet nicht, sondern gewinnt an Wert. Darum erzwingen die modernen Vereinheitlichungen – kompensatorisch – Besonderheitsbedarf. Ein triviales Beispiel dafür: Vor etlichen Jahren gab es etwa 60 km nördlich von Frankfurt das gebietsreformerische Experiment, Gießen und Wetzlar zur Großstadt Lahn zu vereinigen, das dort die Volksseele zum Kochen brachte, die politischen Mehrheiten veränderte und darum schließlich abgebrochen wurde. Nie waren die Gießener so sehr Gießener und die Wetzlarer so sehr Wetzlarer wie zu jener Zeit, als sie die gemeinsame Stadt Lahn bewohnen mußten. Dieses Beispiel illustriert, was allgemein gilt: Vereinheitlichungen mobilisieren – kompensatorisch – Besonderheitsbedarf; Globalisierungen stimulieren – kompensatorisch – Individualisierungen; Europäisierung beflügelt – kompensatorisch – Regionalisierung; Universalisierungen provozieren – kompensatorisch – Pluralisierungen; die durch Gleichförmigkeit überraschungsarm werdende moderne Welt erzwingt kompensatorische Überraschungspotentiale, die es vorher nicht gegeben hat: z. B. das Ästhetische; gerade wo – modern – Traditionen abgebaut werden, entsteht – kompensatorisch – die spezifisch moderne Bewahrungskultur des historischen, konservatorischen, ökologischen Sinns. In einer Welt progressiver Globalisierung muß man mit dieser Kompensationstendenz rechnen und den Sinn für sie trainieren: die Kompensationstüchtigkeit.

Das gilt – meine ich – auch und gerade für die Wirtschaft und ihre Unternehmen. Je mehr sie – um konkurrenzfähig zu sein – technisch und ökonomisch mit anderen gleichziehen müssen und dadurch Uniformisierungen fördern, desto mehr müssen sie – kompensatorisch: im eigenen Unternehmen und seinem Umfeld – zugleich dasjenige kultivieren, was anders ist als alles andere: das Standorteigentümliche, seine besondere kulturelle Attraktivität, seine Einzigartigkeiten beim Produzieren: das, was gerade nicht überall, sondern nur hier gemacht werden kann. Beispiel: Je austauschbarer Mitarbeiter werden, desto wichtiger werden jene Mitarbeiter, die nicht austauschbar sind, z. B. auch als Fermentgruppe, die sich mit diesem besonderen Unternehmen identifiziert und dadurch seine Identität festigt. Das stärkt auch die Bereitschaft der Gesellschaft zur Identifizierung mit der Wirtschaft und zur Resistenz gegen die gängige Wirtschaftsschelte: »die Wirtschaft« zerstöre das Menschliche zugunsten des Profits. Wenn ich jemanden (z. B. einen Intellektuellen), der so redet, frage: »Und auf wieviel Einkommen haben Sie – menschlichkeitshalber – schon freiwillig verzichtet und es – z. B. arbeitsplatzschaffend – investiert?«, ist die Antwort in der Regel: »Wieso ich? Das ist doch Sache der Wirtschaft.« Dahinter steckt die Meinung: Die Wirtschaft sind immer nur die anderen. Aber das stimmt nicht; denn die Wirtschaft sind wir alle, die Wirtschaft sind immer auch wir selbst. Es wäre – meine ich – gut, wenn das allgemeiner akzeptiert würde. Akzeptiert aber wird es vor allem dort, wo – im »Zeitalter des Ausgleichs« und der Globalisierung gerade zu Beginn des dritten Jahrtausends – zugleich der Sinn für das kompensierende Nicht-Globale wirksam ist, also das, was ich nannte: die Kompensationstüchtigkeit.

Narrare necesse est

Hat die Erzählung noch eine Zukunft? Oder stirbt – in der modernen Welt zunehmender wissenschaftlicher und technischer und ökonomischer und informationeller Objektivierung – das Erzählen ab? Ich glaube nicht an die Abstersbensthese, sondern meine: Je moderner die moderne Welt wird, desto unvermeidlicher wird das Erzählen.

Narrare necesse est: Wir Menschen müssen erzählen. Das war so und bleibt so. Denn wir Menschen sind unsere Geschichten,[1] und Geschichten muß man erzählen. Jeder Mensch ist der, der ... ; und wer er genauerhin ist, sagen immer nur Geschichten: Kolumbus ist der, der Amerika entdeckt hat; Rotköppchen ist die, die vom Wolf gefressen wurde; Odysseus ist der, der zwanzig Jahre für die Heimkehr aus Troja brauchte. Menschen sind die, die ... ; und bei jedem von uns stehen für uns selber Geschichten, die wir erzählen, und sei es auch noch so kurz: Unsere kürzeste Kurzgeschichte ist unser Personalausweis; selbst eine Personalnummer ist eine verschlüsselte Erzählung. Wer auf das Erzählen verzichtet, verzichtet auf seine Geschichten; wer auf seine Geschichten verzichtet, verzichtet auf sich selber.

Geschichten müssen erzählt werden. Sie sind nicht prognostizierbar wie naturgesetzliche Abläufe oder wie geplante Handlungen, die zu Geschichten erst dann werden, wenn ihnen etwas dazwischenkommt.[2] Solange ihnen nichts dazwischenkommt, sind sie voraussagbar, und es wäre witzlos, sie zu erzählen: Wenn Kolumbus Indien amerikalos erreicht hätte, wenn Rotkäppchen die Großmutter wolflos besucht hätte, wenn Odysseus ohne Zwischenfälle schnell nach Hause gekommen wäre, wären das keine – richtigen – Geschichten gewesen. Vorher gäbe es – als Voraussage oder Planung – die Prognose, hinterher nur die Feststellung: Es hat geklappt. Erst wenn einem naturgesetzlich geregelten Ablauf oder einer geplanten Handlung ein unvorhergesehenes Widerfahrnis widerfährt, müssen sie erzählt werden und können sie auch nur erzählt werden: Geschichten sind Ablauf-Widerfahrnis-Gemische bzw. Handlungs-Widerfahrnis-Gemische. Und es gilt: Wir müssen erzählen, weil wir unsere Geschichten sind. Das war so und bleibt so. Darum wurde nicht nur in der Vergangenheit erzählt, sondern es wird auch in der Zukunft erzählt werden: Die Erzählung hat Zukunft.

Nun wird man nicht bezweifeln: Die moderne Welt beginnt dort, wo die Menschen – durch wissenschaftliche, technische, ökonomische, informationelle Rationalisierung – ihre Wirklichkeit in großem Stil in laborfähige Objekte und planbare Handlungen verwandeln. Das ist nur dort möglich, wo es mit Absicht gleichgültig wird, in welchen lebensweltgeschichtlichen – sprachlichen, religiösen, kulturellen, familiären – Traditionen und Geschichten die Wisser oder Macher und das Gewußte oder Gemachte stehen: Rationalisierungen leben von der vorsätzlichen Neutralisierung der lebensweltlichen Geschichten. Also sterben die Geschichten modern doch ab? Mitnichten. Sondern etwas anderes passiert: Da ist nur einerseits zwar die Neutralisierung der Geschichten; da ist aber andererseits – und das wird häufig übersehen oder vergessen – ihre Kompensation. Ich bin in meiner Branche – bei den Philosophen – als Kompensationstheoretiker verschrieeen: als einer, der an allen möglichen und unmöglichen Stellen mit dem Kompensationsbegriff kommt. Ich tue es auch hier und stelle fest: Die moderne Welt ist nicht nur die Welt der rationalisierungsermöglichenden Neutralisierung der lebensweltlichen Geschichten, sondern sie ist auch die Welt ihrer Kompensationen, und zwar durch Organe für Geschichten, also gerade durch Organe des Erzählens. Ich nenne hier – ohne Vollständigkeitsanspruch – drei dieser Kompensationen. Spezifisch zur modernen Welt gehört:

a) die Ausbildung des historischen Sinns. Gerade weil – wie Joachim Ritter sagte – die moderne Welt zwecks Rationalisierung »geschichtslos«[3] wird, wird gerade in ihr – kompensatorisch – wie niemals zuvor und wie nirgends sonst das Geschichtliche zum großen Positivthema. Zur modernen Fortschritts- und Innovationskultur, die auf Emanzipation aus den Traditionen setzt, zum Wegwerfen verführt und schließlich sogar die lebensweltlichen Geschichten ausrangiert, gehört – als Kompensation – spezifisch modern die Entwicklung und Blüte der Erinnerungs- und Bewahrungskultur, die Entstehung und Konjunktur des Museums, der Denkmalspflege, der konservatorischen Maßnahmen, der Hermeneutik als Altbausanierung im Reiche des Geistes, der historischen Wissenschaften, die Konjunktur der geschichtlichen Orientierung nach rückwärts und vorwärts: also der – modern immer nötiger werdende – historische Sinn. Spezifisch zur modernen Welt gehört:

b) der Siegeszug der erzählenden Kunst des Romans. Nicht nur die Realgeschichte expandiert, sondern auch die fiktive Erzählung: nicht nur die *history*, sondern vor allem auch die *story*. In seinem schönen Essay *Die Kunst des Romans* hat Milan Kundera[4] beschrieben: Zur Erfolgsgeschichte der exakten »europäischen Wissenschaften« gehört die – den »Geist der Theorie« durch den »Geist des Humors« kompensierende – Parallelgeschichte des »europäischen Romans«, der »europäischsten aller Künste«. Zu Galilei und Descartes und Newton und Kant und Comte und Mach und Husserl gehört Rabelais und Cervantes und Sterne und Goethe und Balzac und Dickens und Tolstoi, Thomas Mann, Proust, Joyce und Kafka. Weil die geschichtliche »Lebenswelt« zugunsten der Welt der Objekte »ausgeklammert« wird, muß sie – kompensatorisch – festgehalten werden auch und gerade durch den Roman, der – als moderne erzählende Kunst – auch in Zukunft für die Moderne unverzichtbar ist und immer unverzichtbarer wird. Spezifisch zur modernen Welt gehört schließlich:

c) die Entstehung und Entwicklung der Geisteswissenschaften,[5] also der erzählenden Wissenschaften. Der Etablierungszeitraum der exakten Naturwissenschaften beginnt im 16. Jahrhundert, der Etablierungszeitraum der Geisteswissenschaften beginnt im 18. Jahrhundert: die Geisteswissenschaften sind jünger als die exakten Naturwissenschaften. Als Organ für die Geschichten – eben als erzählende Wissenschaften – antworten sie auf die Geschichtslosigkeit der modernen Welt. Darum machen die exakten Wissenschaften die Geisteswissenschaften nicht überflüssig, sondern allererst nötig. Der Erfolg der exakten Wissenschaften löscht und mindert also nicht, sondern er erzeugt und steigert vielmehr den Bedarf an Geisteswissenschaften: Je moderner die moderne Welt wird, desto unvermeidlicher werden die Geisteswissenschaften, also – als Kompensation der rationalisierungsermöglichenden Neutralisierung der lebensweltlichen Geschichten – die erzählenden Wissenschaften.

Die Erwartung des Endes der Erzählung in unserer gegenwärtigen und zukünftigen Welt ist also eine Fehlerwartung. Es gibt – Harald Weinrich hat das in seinem schönen Buch *Tempus* unterschieden – die »besprochene Welt« und die »erzählte Welt«.[6] Wir leben – meine ich (möglicherweise nicht ganz im Weinrichschen Sinne) – von der besprochenen Welt und leben in der erzählten Welt. Je mehr und je erfolgreicher die moderne Welt zur besprochenen Welt wird, desto mehr muß die erzählte Welt in ihr eigens festgehalten werden; dafür entwickelt die moderne Welt verschiedene Kompensationsgenera: also mindestens den historischen Sinn, den Roman und die Geisteswissenschaften. Die Rationalisierungen machen die Narrationen nicht obsolet; ganz im Gegenteil: sie erzwingen Erzählungen mit neuen Formen der Erzählung. Je mehr wir rationalisieren, um so mehr müssen wir erzählen. Je moderner die moderne Welt wird, desto unvermeidlicher wird die Erzählung: Narrare necesse est.

Anmerkungen

1 W. Schapp, *In Geschichten verstrickt. Zum Sein von Mensch und Ding,* Hamburg 1953, S. 1 und 103: »Wir Menschen sind immer in Geschichten verstrickt«, »die Geschichte steht für den Mann«. Vgl. W. Dilthey, »Traum«, in: W. D., *Gesammelte Schriften,* Bd. 8, hrsg. von B. Groethuysen, Leipzig/Berlin 1931, S. 224: »Was der Mensch sei, sagt ihm nur seine Geschichte«, und H. Lübbe, *Geschichtsbegriff und Geschichtsinteresse. Analytik und Pragmatik der Historie,* Basel/Stuttgart 1977, bes. S. 145 ff. und 168 ff. Vgl. auch O. Marquard, »Lob des Polytheismus. Über Monomythie und Polymythie«, in: O. M., *Abschied vom Prinzipiellen. Philosophische Studien,* Stuttgart 1981 (Reclams Universal-Bibliothek, 7724), S. 91–116.

2 Vgl. H. Lübbe, *Geschichtsbegriff und Geschichtsinteresse,* S. 54 ff. und 269 ff., sowie H. Lübbe, »Was heißt: ›Das kann man nur historisch erklären‹?«, in: R. Koselleck / W.-D. Stempel (Hrsg.), *Geschichte – Ereignis und Erzählung,* München 1973 (Poetik und Hermeneutik, 5), S. 542–554, bes. S. 545: »›Geschichten‹ sind sie nur insofern, als sie die Geschichte der Behauptung und Wandlung eines Subjekts oder Systems unter Bedingungen der Intervention von Ereignissen sind, die als solche und in ihrer Abfolge gerade nicht der Handlungsrationalität dieses Subjekts oder Systems gehorchen«; vgl. S. 551: »Geschichten sind Prozesse der Systemindividualisierung als Folge funktionsdienlicher Umbildung von Systemen unter Ereignisbedingungen, die ihrerseits aus dem Funktionssinn des Systems unableitbar sind.« Vgl. auch R. Bubner, *Geschichtsprozesse und Handlungsnormen,* Frankfurt a. M. 1984.

3 J. Ritter, »Die Aufgabe der Geisteswissenschaften in der modernen Gesellschaft« (1961), in: J. R., *Subjektivität,* Frankfurt a. M. 1974, S. 105–140, bes. S. 130 ff.

4 M. Kundera, *Die Kunst des Romans. Essay* (1986), übers. von B. Weidmann, Frankfurt a. M. 1989. Vgl. auch: R. Rorty, »Heidegger, Kundera und Dickens«, in: R. R., *Eine Kultur ohne Zentrum. Vier philosophische Essays und ein Vorwort,* übers. von J. Schulte, Stuttgart 1993 (Reclams Universal-Bibliothek, 8936), S. 72–103.

5 Vgl. J. Ritter, »Die Aufgabe der Geisteswissenschaften in der modernen Gesellschaft« (1961), und O. Marquard, »Über die Un-

vermeidlichkeit der Geisteswissenschaften« (1985), in: O. M., *Apologie des Zufälligen. Philosophische Studien*, Stuttgart 1986 (Reclams Universal-Bibliothek, 8351), S. 98–116.

6 H. Weinrich, *Tempus. Besprochene und erzählte Welt* (1964), Stuttgart 1985.

Zukunft braucht Herkunft

Philosophische Betrachtungen über Modernität und Menschlichkeit

Philosophie ist, wenn man trotzdem denkt. Ich beginne meine Trotzdemdenkerei hier ziemlich abstrakt, so daß ich jene Abstraktheitspflichten, denen Philosophen nun einmal unterliegen, gleich zu Anfang erfülle. Dann wird es – das wenigstens ist meine Absicht – peu à peu konkreter werden.

Der Frankfurter Philosoph Theodor W. Adorno hat – in seinem Aufsatz über »Thorstein Veblens Angriff auf die Kultur«, abgedruckt 1955 in Adornos *Prismen* – Bezug genommen auf Kants berühmte Zentralfrage »Wie sind synthetische Urteile a priori möglich?« »Wollte man« – schrieb Adorno dort – »die Kantische Frage umformulieren, so könnte sie heute wohl lauten: wie ist ein Neues überhaupt möglich?« Diese Frage ist in der Tat zentral. Sie zu stellen ist unumgänglich gerade auch für einen Philosophen, der – wie hier ich – über Modernität und Menschlichkeit und dabei über die Zukunft der Menschen sich äußern will: denn in der modernen Welt erwartet man – mit guten oder schlechten Gefühlen – von der Zukunft zunehmend, daß sie das Neue ist.

Mir scheint nun eine der wichtigsten Antworten auf diese Frage – wie ist Neues überhaupt menschenmöglich? – diese zu sein: nicht ohne das Alte. Das ist hier meine These, die sich auch folgendermaßen formulieren läßt: Zukunft braucht Herkunft. Ich erläutere diese These in folgenden drei Abschnitten: 1. Das Unbehagen an der Wandlungsbeschleunigung. 2. Die Kürze des Lebens und die menschliche Langsamkeit. 3. Die neuen Medien und die alten Fertigkeiten. Ich beginne meine Darlegungen über das Neue – nach altem Brauch – mit Abschnitt:

1. *Das Unbehagen an der Wandlungsbeschleunigung*

Die moderne Welt beginnt dort, wo der Mensch methodisch aus seinen Traditionen heraustritt: wo sich seine Zukunft aus seiner Herkunft emanzipiert. Seit Mitte des 18. Jahrhunderts schlägt dieser Vorgang durch in die Sprache der Philosophie, der Wissenschaft, der Literatur und der Politik: seither gibt es die Wörter – in der Regel Singularwörter – für diesen Emanzipationsvorgang, zum Beispiel das Wort »der Fortschritt«, das Wort »die Aufklärung«, das Wort »die Geschichte«, das Wort »die Revolution«, wohl auch das Wort »die Wissenschaft«, das Wort »die Technik«. Die menschliche Zukunft wird jetzt und erst jetzt emphatisch das Neue, indem sie sich von den vielfältigen sprachlichen, religiösen, kulturellen, familiären Herkunftstraditionen unabhängig macht: die großen Potenzen der Modernisierung arbeiten der Tendenz nach traditionsneutral.

Traditionsneutral arbeitet – erstens – die moderne Naturwissenschaft: nur so kann sie welteinheitlich messen, experimentieren und zu traditionsunabhängig überprüfbaren Ergebnissen kommen.

Traditionsneutral arbeitet – zweitens – die moderne Technik: nur so kann sie gewachsene Traditionswirklichkeiten durch artefizielle Funktionswirklichkeiten in global anwendbarer Weise ersetzen.

Traditionsneutral arbeitet – drittens – die moderne Wirtschaft: nur so – etwa durch Rekurs auf die traditionsneutrale Einheitsgröße Geld – können Produkte – darunter technische – zu Waren des weltweiten Handels werden.

Traditionsneutral arbeiten – viertens – die modernen Informationsmedien: nur so – durch Rekurs auf die von traditionellen Sprachen unabhängigen Bilder und Datensysteme – werden Informationen mit zunehmender Menge und Promptheit global kommunizierbar.

All diese Modernisierungen operieren grundsätzlich traditionsneutral: für die modernen Menschen – Joachim Ritter hat das betont – löst sich die »Zukunft« von der »Herkunft«. Die Zukunft wird – modern und allererst modern – emphatisch das Neue, indem sie herkunftsneutral wird. Die moderne Welt wird – in wichtiger Weise – zum »Zeitalter der Neutralisierungen«.

Dieser Vorgang bringt den Menschen unbestreitbare Lebensvorteile: sie leben heute unabhängiger von Not, Schmerz und Mühe als je zuvor. Niemand kann aufrichtig jene Zeiten zurückwünschen, in denen zum Beispiel chirurgische Eingriffe narkosefrei stattfinden mußten. Zugleich entstehen in der modernen Welt – gestützt durch diese Herkunftsneutralisierungen – unverzichtbare soziale Errungenschaften: zur Befriedung tödlicher Traditionskollisionen entsteht gerade modern der traditionsneutrale Staat; zur Zähmung seiner Macht, aus dieser Neutralität zurückzufallen, entsteht gerade modern die Gewaltenteilung; und so kommt es – im Einzugsgebiet der bürgerlichen Welt – gerade modern zu den Menschenrechten: zur institutionellen Garantie der egalitären Chance zur Individualität, dem Andersseindürfen für alle. Kurzum: Es gibt in der modernen Welt – unbestreitbar – Fortschritt.

Zugleich gibt es – in der modernen Welt – das Unbehagen am Fortschritt. Das hängt zusammen mit ihrer Wandlungsbeschleunigung. Jacob Burckhardt hat in seinen *Weltgeschichtlichen Betrachtungen* die »geschichtlichen Krisen« als »beschleunigte Prozesse« charakterisiert. Reinhart Koselleck hat diese Charakteristik generalisiert: Die moderne Welt ist insgesamt ein beschleunigter Prozeß. Weil unsere Zukunft – wie angedeutet – modern zunehmend herkunftsneutral wird, können sich gerade in ihr die Modernisierungen, zunehmend weniger gehemmt durch Traditionen, beschleunigen: so wächst unser Wissen immer schneller; so bietet unsere Technik immer schneller immer bessere Lösungen an; so verbreitet unsere Wirtschaft diese Angebote immer schneller über die Welt; und so wird – im Zeitalter der neuen Medien – die Information immer schneller allgegenwärtig. Darum nimmt – philosophisch hat das vor allem Hermann Lübbe betont – in der modernen Welt die Innovationsgeschwindigkeit zu: ihr Veraltungstempo wächst; immer mehr Neues verändert sie immer schneller: wir leben in einer Welt der Wandlungsbeschleunigung. Aber wir leben nicht behaglich in dieser Welt: es gibt das Unbehagen an der Wandlungsbeschleunigung.

Was den Grund dieses Unbehagens betrifft, so liegen zwei Diagnosen nahe, die auf entgegengesetzten Einschätzungen beruhen: beide beeindrucken unsere gegenwärtige Weltstimmung. Die eine Diagnose besagt: Das Unbehagen entsteht, weil der – beschleunigte – Fortschritt immer noch zu gehemmt ist und längst noch nicht schnell genug geschieht: man ist noch nicht weit genug gegangen. Die andere Diagnose besagt: Das Unbehagen entsteht, weil der – beschleunigte – Fortschritt viel zu ungehemmt und darum längst schon allzu schnell geschieht: man ist schon zu weit gegangen. Als Konsequenz bieten sich – je nach Einschätzung – zwei einander scheinbar entgegengesetzte Maßnahmen an. Die einen meinen, daß in der modernen – der wandlungsbeschleunigten – Welt die fortschrittliche Wandlungsbeschleunigung schleunigst erhöht werden muß, idealiter unendlich: durch Revolution. Die anderen meinen, daß in der modernen – der wandlungsbeschleunigten – Welt die fortschrittliche Wandlungsbeschleunigung schleunigst vermindert werden muß, idealiter unendlich: durch Ausstieg. Mir scheint: Beide Extremforderungen nach schleunigster ultimativer und absoluter Veränderung – der Ruf nach Revolution und der Ruf nach Ausstieg – konvergieren mindestens in einem Punkt: beide wollen das Unbehagen an der Wandlungsbeschleunigung durch Beschleunigungsüberbietung beseitigen. Doch das – meine ich – geht nicht. Eine Begründung versuche ich im Abschnitt:

2. *Die Kürze des Lebens und die menschliche Langsamkeit*

Wie ist Neues überhaupt menschenmöglich? Präziser gefragt: Vertragen Menschen beliebig viel Innovation? Ich meine: Nein; denn für zuviel Veränderung ist das Menschenleben zu kurz.

Es gibt ganz besonders reine Philosophen, die den Satz »Das Leben ist kurz« für philosophisch unerheblich halten: etwa jene reinen Transzendentalphilosophen, die ihre reine Transzendentalphilosophie streng nach dem Königsberger Reinheitsgebot von 1781 brauen. Als philosophischer Skeptiker jedoch halte ich diesen Satz – *vita brevis* – für schlechthin zentral. Unser Leben ist kurz, weil wir nicht immer da waren, sondern geboren sind, und nicht immer dableiben, sondern sterben: also durch Geburt und Tod, wobei gilt: wie die Natalität beträgt auch die Mortalität der menschlichen Gesamtpopulation nach wie vor hundert Prozent.

Das Leben ist kurz. Die Menschen sind – einerseits – stets Spätgeborene. Wo sie anfangen, ist niemals der Anfang. Vor jedem Menschen hat es schon Menschen gegeben, in deren – kontingente – Traditionen oder Üblichkeiten wir hineingeboren werden, so daß sie unsere Herkunft sind, an die wir anknüpfen müssen. Diese Anknüpfung ist unvermeidlich, denn die Menschen »sind« – andererseits – »zum Tode«: sie sterben – wie lange ihr Leben auch währt – stets allzubald (oder, wie Lord Keynes sagte: »in the long run we all are dead«). So sind die Menschen – weil jeder einzelne von ihnen spät kommt und früh geht – zeitknapp: Die knappste unter allen knappen Ressourcen ist unsere Lebenszeit. Dadurch werden wir auf unsere Herkunft zurückverwiesen: Wir haben einfach nicht die Zeit, alle oder auch nur die meisten Dinge unseres Lebens neu zu regeln; wir haben einfach nicht die Zeit, unserer Herkunft durch Änderung und Novellierung unserer Lebensformen beliebig weit zu entkommen. Denn unser Tod ist stets schneller als die meisten unserer Änderungen. Ich bestreite dabei nicht, daß wir die Freiheit zum Neuen und die Fähigkeit zur Änderung haben; ich sage nur: diese Freiheit zum Neuen und diese Fähigkeit zur Änderung sind begrenzt durch unsere Lebenskürze. Darum müssen wir herkömmlich leben: wir müssen stets überwiegend das bleiben, was wir schon waren; unsere Veränderungen werden getragen durch unsere Nichtveränderungen; Neues ist nicht möglich ohne viel Altes; Zukunft braucht Herkunft. Daraus – meine ich – folgt: Menschen sind – weil sie, bedingt durch ihre Lebenskürze, sozusagen aus ihrer Herkunftshaut nie beliebig schnell und nie beliebig weit und schon gar nicht absolut heraus können – grundsätzlich wandlungsträge; oder anders gesagt: Menschen sind – wie schnell sie als spezialisierte Modernisierungsexperten auch sein mögen – grundsätzlich langsam.

Daraus entsteht die Fundamentalschwierigkeit der modernen – der wandlungsbeschleunigten – Welt: die Menschen in ihr sind langsam, die moderne Welt selber aber ist schnell. Weder die schnelle Welt noch den langsamen Menschen darf man abschaffen. Wer die wandlungsbeschleunigte Welt negiert, verzichtet auf unverzichtbare Überlebensmittel der Menschen; wer den langsamen Menschen negiert, verzichtet auf den Menschen. Das bedeutet: In der modernen Welt müssen wir beides leben: die Schnelligkeit (Zukunft) und die Langsamkeit (Herkunft). Es kommt gerade nicht darauf an, auf dem Wege einer Abwahl der modernen Welt – durch Revolution oder Ausstieg – die Spannung zwischen Schnelligkeit und Langsamkeit antimodernistisch loszuwerden; sondern es kommt ganz im Gegenteil gerade darauf an, in der modernen Welt die Spannung zwischen Langsamkeit und Schnelligkeit auszuhalten, indem wir in der modernen Welt – angesichts ihrer Wandlungsbeschleunigung – die Möglichkeit wahren, als Menschen langsam zu leben. Darum gehört zur modernen Welt inmitten ihrer Schnelligkeit – kompensatorisch – die Entwicklung von Formen, die es den Menschen erlauben, in dieser schnellen Welt langsam und in vertrauter Umgebung zu leben. Doch wie kann das gelingen?

Ein sinnfälliges Beispiel, wie man das – dieses Mitnehmen der eigenen Langsamkeit ins Schnelle – macht, liefern uns die ganz jungen Kinder: sie – für die die Wirklichkeit unermeßlich neu und fremd ist – tragen ihre eiserne Ration an Vertrautem ständig bei sich und überall mit herum: ihren Teddybären. Kinder kompensieren ihr Vertrautheitsdefizit durch Dauerpräsenz des Vertrauten: beispielsweise durch ihren Teddybären. In der wandlungsbeschleunigten und eben dadurch stets aufs neue unvertrauten und fremden modernen Welt haben auch die Erwachsenen – etwa die Intellektuellen unter ihnen – ihre Teddybären, zum Beispiel indem sie Klassiker mit sich führen: die, bei denen man immer schon zu wissen glaubt, woran man mit ihnen ist; und so kommt man dann etwa: mit Goethe durchs Jahr; mit Habermas durchs Studium; mit Reich-Ranicki durch die Gegenwartsliteratur. Das gilt allgemein: Je mehr die Zukunft modern für uns das Neue – das Fremde – wird, desto mehr Vergangenheit müssen wir – teddybärgleich – in die Zukunft mitnehmen und dafür immer mehr Altes auskundschaften und pflegen; darum wird gegenwärtig zwar mehr weggeworfen als je zuvor, aber es wird gegenwärtig auch mehr respektvoll aufbewahrt als je zuvor: das Zeitalter der Entsorgungsdeponien ist zugleich das Zeitalter der Verehrungsdeponien, der Museen. Weil die Menschen in der modernen, wandlungsbeschleunigten und dadurch zunehmend diskontinuierlichen Welt ihre Kontinuität besonders schützen müssen, entsteht gerade und nur in der modernen Welt der historische Sinn, wobei ich vermute: nur die erste Erfahrung mit der Geschichte – durch die freilich jeder hindurch muß – ist diese: wieviel hat sich selbst dort geändert, wo sich fast gar nichts geändert hat; die zweite und wichtigere Erfahrung aber ist diese: wie wenig hat sich selbst dort geändert, wo sich fast alles geändert hat. Der historische Sinn ist vor allem Sinn für Kontinuitäten, für Langsamkeiten; die Grunderfahrung des Geschichtlichen ist – meine ich – mehr als die Erfahrung der Veränderlichkeit die ihrer Grenzen. Das gilt – scheint mir – auch für den modernen ästhetischen Sinn: Wichtiger als das Innovatorische ist auch und gerade bei der modernen Kunst, daß sie sehr langlebig sensibilisiert und orientiert. So kommt in die schnelle Welt die Langsamkeit hinein, die die Menschen in ihr nötig haben; denn Zukunft braucht Herkunft. Das ist besonnenen Wirtschaftsplanern – wenn auch noch nicht allen Wissenschaftsministern – längst klar; etwa: Die Bundesrepublik ist als Industriestandort besser zu halten, wenn sie als Kulturstandort an Anziehungskraft gewinnt, wozu – nota bene – auch gute Geisteswissenschaften gehören. Vor allem aber gibt es die Traditionen, die Üblichkeiten, die in der modernen Welt begrüßenswert bunt und vielgestaltig und dadurch individualitätsfreundlich vorhanden sind: in der Regel intakter, als wir es wahrhaben wollen. Unter ihnen haben alte Üblichkeiten – zum Beispiel die Institution der Familie – einen besonderen Vorteil: Gerade in einer Welt mit hoher Innovationsgeschwindigkeit sind alte Lebensformen am wenigsten veraltungsanfällig, weil sie schon alt sind. Schließlich tritt die moderne Wandlungsbeschleunigung selber in den Dienst der Langsamkeit: Zum wachsenden Veraltungstempo gehört das wachsende Tempo der Veraltung auch ihrer Veraltungen; je schneller das Neueste zum Alten wird, desto schneller kann Altes wieder zum Neuesten werden; jeder weiß das, der nur ein wenig länger schon lebt. So sollte man sich beim modernen Dauerlauf Geschichte – je schneller sein Tempo wird – unaufgeregt überholen lassen und warten, bis der Weltlauf – von hinten überrundend – wieder bei einem vorbeikommt; immer häufiger gilt man dann bei denen, die überhaupt mit Avantgarden rechnen, vorübergehend wieder als Spitzengruppe: so wächst gerade durch Langsamkeit die Chance, up to date zu sein.

Was die Menschen – wegen ihrer Lebenskürze – sowieso müssen, ist also gerade in einer wandlungsschnellen Welt auch ratsam: langsam zu leben, genauer gesagt: auch langsam zu leben. Denn gerade der langsame Mensch ist der schnellen Welt gewachsen. Das möchte ich durch ein Beispiel illustrieren und konkretisieren im abschließenden Abschnitt:

3. *Die neuen Medien und die alten Fertigkeiten*

Ich meine: Gerade die neuesten Technologien, etwa die neuen Medien, benötigen – und sie bestätigen dadurch – die alten Fertigkeiten und Gewohnheiten: Auch die Medien der Zukunft brauchen Herkunft. Darum muß der langsame Mensch – alles in allem – keine Angst haben vor diesen neuen Informationsmedien, ihrer Schnelligkeit und zukünftigen Schnelligkeit.

Auch hier bin ich natürlich ein Spielverderber beim gegenwärtig beliebten Gesellschaftsspiel des Antimodernismus. Denn unsere Jammerathleten, Klagegenies und Kassandren vom Dienst sind gründlich anderer Meinung: von den allgemeinen Technophobikern über die, die auf Neil Postman schwören, bis hin zum bildschirmirritierten Momos, zu Walter Jens (die alten Römer hatten kapitolinische Gänse; die heutigen Deutschen haben kapitolinische Jense). Ich selber leugne ja ebenfalls nicht, daß es all dieses durchaus gibt: Man schreibt keine Briefe mehr, oder wenn, dann E-Mails, denn man telephoniert. Man arbeitet keine Aufsätze mehr durch, denn man kopiert sie. Man liest keine Bücher mehr, denn man sieht fern. Man legt die Zeitungen weg, denn man ruft Daten ab. So können die neuen Informationsmedien – beispielsweise – als Angriff auf das Lesen wirken; und es werden Dialoge denkbar wie dieser: Ich möchte Ihnen gern eine Freude machen; wie wäre es mit einem Buch? Antwort: Nein danke, ich habe schon eins. Man kann das unterstreichen durch jenes sarkastische Signal von Hoffnungsfreude, das ich zuerst von Wolf Lepenies gehört habe: Immerhin wächst die Tendenz zum Zweitbuch. So kommt es – durch jenen Vorrang der negativen Nachrichten, den unsere Medienkritiker den neuen Medien nachmachen – in bezug auf die Zukunft der Medien zur Schwarzseherei. Dann heißt es etwa: Wir sind die ersten Laokoons, die nicht durch Schlangen, sondern durch Kabel erwürgt werden. Und: Die neuen Medien »amüsieren uns zu Tode«, denn selbst der ernsteste Ernst wird dort mediengerecht als Spiel inszeniert: es wird sogar die Moral als theatralische Anstalt betrachtet. Dies alles gibt es. Dennoch hat das Lamento über die zerstörerische Zukunft der Medien unrecht. Recht hat vielmehr – im Gegenteil – das, was ich behauptet hatte: Je mehr die neuen Medien wirksam werden, desto unvermeidlicher bleiben sie angewiesen auf die alten – die langsamen – Menschen mit ihren alten Fertigkeiten. Auch die Medien der Zukunft brauchen Herkunft und leben aus dieser Herkunft. Ich versuche abschließend zwei kurze exemplarische Hinweise.

a) Auch die neuen Informationsmedien, die am meisten als Zukunftstechnologien gelten, sind Lebenserleichterungen. Sie ersparen uns Informationsmühen und bewältigen Steuerungsschwierigkeiten. Je besser sie das machen, desto mehr schimpft man auf sie. Das aber ist völlig normal. Je besser es den Menschen geht, desto schlechter finden sie das, wodurch es ihnen besser geht; denn sobald es uns gut geht, werden wir Prinzessinnen auf der Erbse. Wirkliche Errungenschaften nämlich werden nicht genossen, sondern selbstverständlich. Die verbleibenden Nachteile ziehen dann unsere volle Aufmerksamkeit auf sich. Und Nachteile haben sie natürlich, die neuen Medien. Etwa: In der Dienstleistungsgesellschaft ist der Dienstleistungskunde König, aber – Robert Hepp hat das gezeigt – er ist ein König, der immer mehr selber machen muß. Je perfekter – elektronisch komfortabler – wir bedient werden, desto mehr müssen wir uns selbst bedienen: Wir studieren Gebrauchsanweisungskonvolute, trainieren Differentialdiagnosen für Havarien unserer elektronischen *processor*, und seit es die Geldautomaten gibt, dürfen wir endlich wieder Schlange stehen. Auch lösen die elektronischen Medien unsere Übererwartungen nicht ein. Das spricht natürlich nicht gegen die elektronischen Medien, sondern gegen unsere Übererwartungen. Trotzdem hat man solche. Auch ich träume von jenem Computer, der Bücher direkt lesen kann, sich dann auf die langweiligen Bücher spezialisiert und uns zum Dank für überreichlichen Input mit Output verschont bis auf jene seltenen Fälle, wo er überraschenderweise trotzdem Interessantes entdeckt: das Unerwartete. Diesen segensreichen Computer wird es nicht geben. Die Computertechniker sagen: Definieren Sie präzis, was Sie wollen: wir bauen das. Aber wer das Unerwartete präziser definiert als dadurch, daß es das Unerwartete ist, macht es zum Erwartbaren, und die Leistungspointe der Maschine wäre dahin. So wird es diesen Traumcomputer nicht geben, der ein – armer – Langeweileschlucker ist. Aber das spricht schließlich nicht gegen die Computer, die es geben kann und die ihre Sache – zur Erleichterung unseres Lebens – ordentlich erledigen.

b) Die Hauptbelastung durch die neuen – die heutigen und zukünftigen – Medien ist die Überinformation. Eine Informationssintflut kommt auf uns zu. Aber wir können schwimmen. Unsere Arche Noah ist eine alte Kunst: der Rückgriff aufs Mündliche. Zunächst – diesseits der neuen Medien – zwei erläuternde Beispiele aus Universität und Wissenschaft. Erstens: Die Menge des universitären Verordnungs- und Verwaltungspapiers wächst exponentiell; inzwischen sind es mehrere tausend Seiten pro Jahr. Das liest man nicht mehr, sondern – im Falle eines Falles – man greift zum Telephon und läßt sich durch den jeweils zuständigen Sachbearbeiter erzählen, was drinsteht: Man ersetzt Überinformation durch Mündlichkeit. Zweitens: Sogar im engsten Fachgebiet erscheinen inzwischen so viele Arbeiten, daß man – selbst bei bestem Fleiß – nur noch einen Bruchteil davon lesen kann. Auch hier ersetzt man Lektüre durch Mündlichkeit. Der Wissenschaftstourismus führt einen von Kolloquium zu Kolloquium. Am ersten Ort erzählt Kollege A von einem Buch, das man noch nicht kennt, von dem am zweiten Ort Kollege B – sonst immer ganz anderer Meinung als Kollege A – sehr Ähnliches erzählt; dadurch weiß man schon, woran man ist und was drinsteht. Am dritten Ort – wenn Kollege C über dasselbe Buch zu sprechen beginnt – kann man schon mitreden; und am vierten Ort bringt man dieses Buch schon selbst ins Gespräch, obwohl man es immer noch nicht gelesen hat und – da man es ja inzwischen kennt – auch nicht mehr lesen wird. So nimmt man jährlich eine drei- bis vierstellige Zahl von Büchern zur Kenntnis, ohne sie zu lesen. Man ersetzt Lektüre durch Mündlichkeit. Die allgemeine Kunstregel lautet: Informationskomplexität wird reduziert durch Rekurs auf Mündlichkeit. Das ist – auch und gerade angesichts der Überinformation durch die neuen Medien – kein neuer Analphabetismus, sondern die alte Kunst des langsamen Menschen, mit Informationsüberflutung fertig zu werden. Schon der Buchdruck, das älteste neue Medium, führte zur Informationsüberlastung: Jetzt mußte – wer lesen konnte – die Bibel lesen; und schon das war viel zu viel, so daß man sich bereits davon durch Mündlichkeit entlasten mußte: durch das Hören des von der Kanzel gesprochenen Gottesworts und seiner Auslegung, die mündlich sagte, was wichtig und richtig ist, so daß – denke ich – gilt: Die gottesdienstliche Zentralisierung der Predigt durch die Reformation war, zumindest auch, die Antwort auf die Informationsüberlastung durch den beginnenden Buchdruck. Es wird diese selbe – eine alte – Fertigkeit sein, durch die wir uns von der Informationsüberflutung durch die elektronischen Medien zu entlasten vermögen. Wir werden künftig mitnichten dauernd vorm Bildschirm sitzen, sondern – je mehr datenspendende Schirme flimmern – wir werden fern vom Bildschirm im kleinen oder großen Gesprächskreise mündlich jenes Wenige besprechend ermitteln, was von dieser flimmernden Datenflut wichtig und richtig ist. Es ist, darauf kommt es mir an, die durchaus herkömmliche Kunst und die alte Fertigkeit, auf das Mündliche zu rekurrieren, durch die wir den Medien der Zukunft auch künftig gewachsen sein werden. So bleiben die zunehmend schnellen Informationsmedien zähmbar und in der Reichweite der langsamen Menschen. Auch in ihrem Fall ist das Neue menschenmöglich: doch nicht ohne das Alte.

Ich schließe, indem ich meine allgemeine These über den Menschen in der Welt des technologischen Wandels wiederhole. Es ist diese: Je schneller die Modernisierungen werden, desto unausweichlicher nötig und wichtig werden die langsamen Menschen. Denn die neue Welt kann nicht sein ohne die alten Fertigkeiten. Menschlichkeit ohne Modernität ist lahm; Modernität ohne Menschlichkeit ist kalt: Modernität braucht Menschlichkeit, denn Zukunft braucht Herkunft.

Ende der Universalgeschichte?

Philosophische Überlegungen im Anschluß an Schiller

Am 26. Mai 1789 begann Friedrich Schiller – der Namenspatron der Friedrich-Schiller-Universität – hier in Jena seine Vorlesungstätigkeit als Professor, wobei ich gleich die Frage vormerken möchte: Wofür war Friedrich Schiller hier an der Universität Jena eigentlich Professor? Welches war sein Fach? Jedenfalls hielt er – Fach hin, Fach her – am 26. und 27. Mai 1789 jene beiden Vorlesungen, die er für den Druck zusammengefaßt und dann publiziert hat unter dem Titel »Was heißt und zu welchem Ende studiert man Universalgeschichte?«, welcher Text seither als Text seiner Antrittsvorlesung gilt. Auf dem Titelblatt der ersten Auflage nannte Schiller sich: Professor der Geschichte in Jena. Auf dem Titelblatt der alsbald erforderlichen zweiten Auflage nannte Schiller sich: Professor der Philosophie in Jena. Ich werde auf das darin steckende Problem aus aktuellem Anlaß zurückkommen.

Die Friedrich-Schiller-Universität Jena hat beschlossen, an die Antrittsvorlesung von Friedrich Schiller ab heute jährlich jeweils am Freitag nach dem 26. Mai durch einen Schiller-Tag zu erinnern. Ich danke für die für mich ehrenvolle Einladung und den für mich ehrenvollen Auftrag, heute den ersten Festvortrag an diesem ersten Schiller-Tag hier in Jena zu halten. Mein Vortrag ist zwar nicht völlig direkt ein Schiller-Vortrag, aber er präsentiert philosophische Überlegungen in ausdrücklichem Anschluß an Schiller, nicht nur an seine Antrittsvorlesung, indem er die Frage stellt: Ende der Universalgeschichte? Diese Frage erörtere ich – im Anschluß an Schiller – in folgenden fünf Abschnitten: 1. Anfang der Universalgeschichte; 2. Enttäuschung der emanzipatorischen Naherwartung; 3. Rettung des Menschlichen in die Kunst und Natur? 4. Ende der Universalgeschichte? 5. Bemerkungen zur Schiller-Professur. Ich beginne – den Üblichkeiten entsprechend – mit Abschnitt:

1. *Anfang der Universalgeschichte*

Friedrich Schiller hielt seine beiden ersten Vorlesungen in Jena – also seine Antrittsvorlesung – wie gesagt am 26. und 27. Mai 1789, und das bedeutet: er hielt sie sieben Wochen vor dem Sturm auf die Bastille am 14. Juli 1789, also unmittelbar vor dem Beginn der Französischen Revolution.

Die These seiner Antrittsvorlesung – deren ausführliches Referat nirgends in der Welt weniger nötig ist als hier in Jena – war, ultrakurz skizziert, diese: Die »Universalgeschichte« – nichts für »Brotgelehrte« – sei eine Sache ausschließlich für den »philosophischen Kopf«, der »aus der ganzen Summe der Begebenheiten« des bisherigen Weltlaufs »diejenigen heraushebt, welche auf die heutige Gestalt der Welt und den Zustand der jetzt lebenden Generation einen wesentlichen [...] Einfluß gehabt haben«, der also die Geschichte durch ihren Gegenwartsbezug definiert und durch ihr zukünftiges Ziel und dadurch »einen vernünftigen Zweck in den Gang der Welt und teleologisches Prinzip in die Weltgeschichte« hineinbringt, die uns darum – meint Schiller – »von der übertriebenen Bewunderung des Altertums und von der kindischen Sehnsucht nach vergangenen Zeiten« »heilt«, weil sie – indem sie »den Menschen gewöhnt, sich mit der ganzen Vergangenheit zusammen zu fassen und mit seinen Schlüssen in die ferne Zukunft voraus zu eilen« und »das Individuum in die Gattung hinüber« »führt« – zeigt, daß »alle vorhergehenden Zeitalter sich« – »ohne es zu wissen« – »angestrengt« haben, »unser menschliches Jahrhundert herbeizuführen« und dadurch die Geschichte in Zielnähe zu bringen.[1] Schiller hat damit die klassische Definition der Universalgeschichte – der allgemeinen, der Weltgeschichte – gegeben: jener Geschichte, die universal ist, weil sie alle Geschichten in eine wendet, in die eine einzige und universale Fortschritts- und Vollendungsgeschichte der Menschheit, eben die Universalgeschichte.

Dieses Programm der Universalgeschichte – das Schiller in seiner Antrittsvorlesung entwickelt – wurde ab 1681 (Bossuet) und vor allem in der zweiten Hälfte des 18. Jahrhunderts, aber erst dort, allenthalben aktuell. Reinhart Koselleck hat für diese Zeit den Begriff der »Sattelzeit« geprägt und begriffsgeschichtlich gezeigt.[2] Erst nach 1750 erscheinen sehr schnell gehäuft »Universalgeschichten« als Arbeitsergebnisse der philosophischen Disziplin »Philosophie der Geschichte« oder »Geschichtsphilosophie«, die selber – zusammen mit ihrem Begriff – in der gleichen Zeit – seit 1750 bzw. 1756 bzw. 1765 (Voltaire) – allererst entsteht, und zwar – das füge jetzt ich hinzu – von der Philosophie her durch folgenden spezifisch neuzeitlichen Vorgang. Die traditionelle ontologische Vorzugsverfassung war: Unveränderlichkeit und Einheit. Nunmehr – unter dem Eindruck und mit der Folge der großen »Verzeitlichung« und »Beschleunigung« der Wirklichkeit und ihrer Veränderung in der Neuzeit – ändert sich das, wenn auch zunächst nur halb. Die ontologische Vorzugsverfassung ist dann nicht mehr die Unveränderlichkeit, sondern die Veränderlichkeit: dadurch wird die Geschichte – das Feld der Veränderungen – positiviert und kann zur entscheidenden Wirklichkeit werden und wird es auch. Die ontologische Vorzugsverfassung der Einheit aber bleibt – wenigstens zunächst – unangetastet. Folglich muß nunmehr die Einheit nicht im Unveränderlichen, sie muß jetzt im Veränderlichen, im Geschichtlichen zum Zuge kommen und betont werden: durch »Singularisierung« der vielen Geschichten zu »der« Geschichte, der Einheitsgeschichte für alle Menschen mit einem einzigen Ziel. »Die Geschichte« – zu hören ähnlich wie »die Gedichte« – war vorher ein Plural; erst seit der zweiten Hälfte des 18. Jahrhunderts, dem »Zeitalter der Singularisierungen«, wie Koselleck diese »Sattelzeit« nennt, wird der Begriff »die Geschichte« – gleichzeitig mit der »Singularisierung« der Fortschritte zu »dem« Fortschritt, der Freiheiten zu »der« Freiheit, der Revolutionen zu »der« Revolution – zum Singular: Aus den vielen Geschichten wird – durch den universalisierenden Blick der Geschichtsphilosophie und der an ihr arbeitenden philosophischen Köpfe – nun »die« Geschichte, die eine einzige Einheitsgeschichte für alle Menschen ist: eben die Universalgeschichte. Und Schiller hat diesen Begriff der Universalgeschichte bejaht und bekräftigt in seiner Antrittsvorlesung an der Universität Jena kurz vor dem Beginn der Französischen Revolution. So steht es mit der Entstehung, dem Anfang der Universalgeschichte. Wie ging es damit weiter? Dazu einiges im Abschnitt:

2. *Enttäuschung der emanzipatorischen Naherwartung*

Die Universalgeschichte, die in der Sattelzeit entstand und von Schiller durch seine Antrittsvorlesung ermuntert wurde, wird fortgeschrieben und radikalisiert – entschuldigen Sie die verkürzende Formulierung – durch die Geschichtsphilosophie des deutschen Idealismus von Fichte bis Marx. Zu ihr gehören mindestens folgende drei Eigenheiten (a–c). Da ist:

a) die Säkularisierung. Karl Löwith, der philosophische Lehrer Kosellecks, hat betont: Das – aus der biblischen Prophetie und der christlichen Eschatologie herkommende – Konzept der Heilsgeschichte eines jenseitigen Heils wird durch das geschichtsphilosophische Konzept der Universalgeschichte zur Heilsgeschichte eines innerweltlichen Heils: als Fortschritts- und Emanzipationsgeschichte, deren Ziel die gelungene Realisierung der Freiheit sein soll, das gute Ende der Universalgeschichte. Da ist:

b) die Tribunalisierung. Ich habe seit 1963 wiederholt vorgeschlagen, die Geschichtsphilosophie als Aggregatzustand der Theodizee zu verstehen, weil es in beiden Philosophien um einen Prozeß geht, ein Gerichtsverfahren: dort – in der Theodizee – um den Prozeß Mensch gegen Gott, weil die Welt nicht gut sei, hier – in der Geschichtsphilosophie – um den Prozeß Mensch gegen Mensch, weil die Welt noch nicht gut sei, wobei als Täter der Geschichte Gott – aus Theodizeegründen – autonomistisch durch den Menschen ersetzt wird, um Gott von der gegen ihn erhobenen Anklage zu entlasten. Unter den Druck dieser Anklage geraten fortan – durch die Geschichtsphilosophie – die Menschen; und die Universalgeschichte ist das Tribunal, das sie so anklagt und richtet: »die Weltgeschichte ist das Weltgericht«, schrieb Schiller 1784.[3] Diesem Tribunal entkommt man, indem man es wird: durch Flucht der Menschen aus dem Gewissenhaben in das Gewissensein, in die zunehmend definitive Avantgarde. Diese Flucht aus dem Angeklagtsein nach vorn scheint das – späterhin Dialektik genannte – Bewegungsgesetz der Geschichte zu sein, die ihr innerweltliches Heilsziel erreicht, wenn alle Menschen zu Anklägern geworden sind, die niemanden mehr anzuklagen brauchen, weil alle Anzuklagenden – im Namen der vermeintlich guten Sache – eliminiert sind. Dann – meint die Geschichtsphilosophie – ist die Emanzipation vollendet durch das gute Ende der Universalgeschichte. Da ist:

c) die Revolution. Die Geschichtsphilosophie verlangt die Realisierung der Universalgeschichte durch die Praxis: so wird sie zur Philosophie der Revolution. Wenn die Vollendung der Emanzipation noch aussteht, soll sie möglichst schnell nicht mehr ausstehen; und der schnellste Sprung in die Vollendung der Emanzipation scheint die Revolution. Sie holt die Universalgeschichte aus dem Kopf der Geschichtsphilosophen in die Wirklichkeit; und zuerst tat das

– unmittelbar nach Schillers Antrittsvorlesung – die Französische Revolution, das Vorbild aller geschichtsphilosophisch inspirierten Revolutionen. Sie weckt die Erwartung, daß die Universalgeschichte sofort ihr gutes Ende erreicht: das innerweltliche Heil.

Diese Überführung der universalgeschichtlichen Philosophie in die Wirklichkeit der Revolution ist für die universalgeschichtliche Geschichtsphilosophie sozusagen die – gegebenenfalls quälend lange – Stunde der Wahrheit. Denn durch sie wird die universalgeschichtliche Utopie – der revolutionäre Sprung ins gute Ende der Universalgeschichte – aus Erwartung zur Wirklichkeit, mit der man seine Erfahrung machen kann und macht. Diese Erfahrung aber ist nicht gut, sondern überwiegend schlecht, jedenfalls seit der Jakobinerherrschaft durch die Diktatur der Wohlfahrtsausschüsse und ihrer *terreur*. Da – *fiat utopia, pereat mundus* – kommt die Freiheit überwiegend als Befreiung von den Freiheiten, also als Diktatur und als Schrecken. Das revolutionäre Ende der Universalgeschichte ist mithin nicht ihr gutes, sondern ihr dickes Ende. Man kann – und die Anspielung auf Theologisches ist dabei Absicht – diese Erfahrung nennen: die Enttäuschung der emanzipatorischen Naherwartung. Sie kompromittiert – paradigmatisch in der Französischen Revolution – die emanzipatorische Geschichtserwartung auf ein revolutionär zu erzwingendes gutes Ende der Universalgeschichte insgesamt.

Diese Erfahrung bildet die eigentliche Zäsur der Geschichtsphilosophie des deutschen Idealismus: sie scheidet jene Geschichtsphilosophien, die – sozusagen naiv – die Revolution noch als Hoffnung vor oder neben sich hatten, zu denen Schillers Antrittsvorlesung gehört, von jenen Geschichtsphilosophien, die – entnaivisiert – die Revolution schon als Enttäuschung neben oder hinter sich hatten. Zu den Exponenten dieser letzteren gehören Hegel, der die Französische Revolution zwar als Schrecken kritisierte, aber per saldo lobte, um die Revolution zu entgegenwärtigen, nämlich möglichst komplett schon hinter sich zu haben, und auch noch Marx, der die Französische Revolution zwar als Entwicklungsschritt lobte, aber per saldo tadelte, um die Revolution zu entgegenwärtigen, nämlich möglichst komplett noch vor sich zu haben. Zu ihnen gehört ganz früh schon der spätere Friedrich Schiller, der – als Ausdruck extremer Enttäuschung – am 13. Juli 1793 im Blick auf die Französische Revolution an den Herzog Friedrich Christian von Augustenburg schrieb: »ich bin so weit entfernt, an den Anfang einer Regeneration im Politischen zu glauben, daß mir die Ereignisse der Zeit vielmehr alle Hoffnungen dazu auf Jahrhunderte benehmen.«[4] Was also tun? Darüber jetzt einige Bemerkungen im Abschnitt:

3. *Rettung des Menschlichen in die Kunst und Natur?*

Kurz nachdem Schiller am 26. August 1792 mit der Verleihung des Titels eines *citoyen français* durch die Nationalversammlung in Paris sozusagen zum Ehrenrevolutionär ernannt wurde, war er also von der revolutionären Lesung seiner Jenaer Antrittsvorlesung schon deutlich abgerückt. Fortan – angesichts des dicken und blutigen Endes der revolutionär gewordenen Universalgeschichte – betont er immer stärker: Die Chance für das Menschliche ist nicht die geschichtliche Revolution, sondern die Kunst und die Natur. Durch dieses – seither in der Philosophie immer wieder repetierte – Konzept wurde Schiller philosophisch zum Klassiker unserer auch noch gegenwärtigen Schwierigkeiten. Denn: Wo die ins Revolutionäre getriebene Universalgeschichte an ein Ende kommt mit ihren Möglichkeiten, das Menschliche zu verwirklichen und zu retten, müssen zu dieser Rettung des Menschlichen herbei – mindestens – die Kunst und die Natur (a, b). Da ist:

a) die Kunst, weil – wie Schiller 1794 in den Briefen »Über die ästhetische Erziehung des Menschen« schrieb – man, »um jenes politische Problem in der Erfahrung zu lösen, durch das ästhetische den Weg nehmen muß, weil es die Schönheit ist, durch welche man zu der Freiheit wandert«.[5] Wo die revolutionär gewordene Universalgeschichte durch die *terreur* als Mittel den Zweck – das Heil im Diesseits – entheiligt, kann – scheint es – das Menschliche nur mehr durch eine von Zwecken entlastete Tätigkeit gerettet werden: durch das ästhetische Spiel. »Der Mensch ist nur da ganz Mensch, wo er spielt«, heißt es im 15. Brief »Über die ästhetische Erziehung«:[6] Die Entlastung von der gescheiterten Revolution ist die Kunst. Indes: Die Ästhetisierung bleibt menschlich nur dann, wenn nicht alles ästhetisiert wird. Wo die ganze Wirklichkeit zum Kunstwerk – zu einem einzigen Kunstwerk – gemacht werden soll, wie es nicht Schiller, wohl aber im 19. und 20. Jahrhundert die Theorien des Gesamtkunstwerks wollten, wird das Ästhetische unmenschlich; denn es ist gegenmenschlich, wenn die Menschen statt ihrer Wirklichkeit nur noch ein einziges Kunstwerk haben sollen. Auch die Wende zur Ästhetik – das will ich damit andeuten – kann zur gefährlichen Illusion werden: nicht dadurch, daß die Kunst zu unwirklich, sondern dadurch, daß die Kunst zu wirklich wird. Da ist:

b) die Natur, nach der Schiller vor allem 1796 in seiner Schrift »Über naive und sentimentalische Dichtung« ruft. Wo durch revolutionäre *terreur* die Geschichte die Menschlichkeit verspielt, wird die Nicht-Geschichte, die Natur, zur Zuflucht der Menschlichkeit, wobei – wie Schiller schreibt[7] – gilt: »weil die Natur bei uns aus der Menschheit verschwunden ist«, braucht es die »Dichter« als »Bewahrer der Natur«, als ihre »Zeugen« oder »Rächer«, indem sie entweder »Natur sind« oder »die verlorene suchen«. Ich akzentuiere hier also nicht Schillers überaus wichtige Typologie des naiven und sentimentalischen Dichters, sondern was sie voraussetzt: den Rekurs auf die Natur. Die Selbstzerstörung der Universalgeschichte erzwingt die Positivierung der Natur.

Diese Wende zur Natur – die bei Schiller nur in Ansätzen existiert – wird ab 1797 radikalisiert durch Schelling und die romantische Naturphilosophie. Sie läßt sich – sozusagen auf dem grünen Weg – steigern durch das »Zurück zu Rousseau« und »Zurück zur Natur«. Die Natur muß vor der Geschichte geschützt, darum muß die Geschichte durch die Natur ersetzt werden: Wo Geschichte war, soll Natur sein. Das war nicht die These Schillers; aber der Versuch, das Menschliche durch die Natur und in die Natur zu retten, impliziert diese Gefahr des extremen Ausstiegs aus der Geschichte: Auch die Wende zur Natur kann zur gefährlichen Illusion werden.

So – meine ich – wollte Schiller eine gefährliche Illusion (die Transformation der Universalgeschichte in die revolutionäre Verwirklichung der Utopie) bannen durch die Wende zu den Wirklichkeiten Kunst und Natur, die selber zu gefährlichen Illusionen werden können. Sein Weg über die Position seiner Antrittsvorlesung hinaus – den ich, ich möchte darüber keinen Zweifel lassen, bewundere und dem ich besondere Sympathie entgegenbringe – dieser Weg Schillers ist lehrreich: man sieht an ihm nicht zuletzt, daß er nicht ausreicht. Aber wodurch – nach dem dicken Ende der revolutionär gewordenen Universalgeschichte – kann die Menschlichkeit gerettet werden? Dazu einige Bemerkungen im Abschnitt:

4. *Ende der Universalgeschichte?*

Ich meine: Gegen die Geschichte hilft nur die Geschichte. Gegen den universalgeschichtlichen – den durch die Geschichtsphilosophie inspirierten – Versuch, der Geschichte revolutionär in ihr Ende zu entkommen, hilft – diesseits der Wende zum Ästhetischen und diesseits der Wende zur Natur – vor allem der Mut, in der Geschichte zu bleiben. Aber wie macht man das und wie kann das gelingen?

Die Universalgeschichte – das hatte ich eingangs im Anschluß an Koselleck betont – singularisiert die Geschichte. Das bedeutet: Der traditionelle ontologische Vorrang der Unveränderlichkeit schwand; der traditionelle ontologische Vorrang der Einheit aber wurde gesteigert: Die Menschen durften nicht mehr viele Geschichten haben, sondern – jeder Mensch für sich und alle Menschen zusammen – nur noch eine einzige Einheitsgeschichte, eben die Universalgeschichte. Nur eine einzige Geschichte haben dürfen: das aber ist gegenmenschlich. Ein Mensch, der – für sich selbst und mit allen Menschen zusammen – nur eine einzige Geschichte haben darf, ist gehindert, ein Mensch zu sein: Ein Mensch muß viele Geschichten haben dürfen. Wer – menschlich – in der Geschichte bleiben will, muß also – scheint mir – nicht nur den traditionellen ontologischen Vorrang der Unveränderlichkeit mindern, sondern auch den traditionellen ontologischen Vorrang der Einheit. Das bedeutet: Die Geschichte muß – unter dem Eindruck des dicken Endes der revolutionär gewordenen Universalgeschichte – entsingularisiert, sie muß repluralisiert werden: Aus der einen Geschichte müssen wieder – und nun erst recht – die vielen Geschichten werden.

Wer gleichwohl an der Einheitsgeschichte – am Monopol der Universalgeschichte – festhält und diese Alleingeschichte als den schnellen oder langen Marsch ins Universale und als Auflösung der Individuen in die Gattung definiert, dem – ich erinnere an Schillers Antrittsvorlesung und wiederhole die schon zitierte Schiller-Stelle – bleibt nichts anderes übrig als anzunehmen, daß »alle vorhergehenden Zeitalter« sich »angestrengt« haben, »unser menschliches Jahrhundert herbeizuführen«. Ich meine: Mit Recht hat dagegen – Rankes These von der Chancengleichheit der Epochen auf die der Kulturen ausdehnend – 1958 Claude Lévi-Strauss in seiner *Strukturalen Anthropologie* protestiert, etwa durch einen Satz, der wie direkt gegen Schiller formuliert sich anhört: »eine Gesellschaft« – schreibt dort Lévi-Strauss[8] – »kann leben, handeln, sich wandeln, ohne sich von der Überzeugung trunken machen zu lassen, daß die, die ihr um gut zehntausend Jahre vorausgegangen sind, nichts anderes getan haben, als ihr den Boden zu bereiten, daß alle Zeitgenossen – und seien es auch die Antipoden – fleißig arbeiten, um sie einzuholen, und daß die, die ihr bis ans Ende der Zeiten folgen, nur darauf bedacht sind, sich in ihrer Richtung weiterzuentwickeln.« Es gibt vielmehr – das meint diese Kritik am »Mythos der französischen Revolution«, wie Lévi-Strauss die Universalgeschichte nennt – viele je eigene Wege zur Humanität. Und es gibt – füge ich hinzu – Humanität nur durch viele je eigene Wege. Darum darf es – für jeden Menschen und für alle Menschen zusammen – nicht nur eine einzige Geschichte geben: es muß vielmehr – für alle Menschen zusammen und für jeden Menschen – viele Geschichten geben dürfen und geben. Anders gesagt: Gegen das dicke Ende der revolutionär gewordenen Universalgeschichte kann die Menschlichkeit durch die Geschichte gerettet werden, aber nur durch jene Geschichte, die die vielen Geschichten sind.

Bedeutet das – diese Frage wird jetzt dringlich – das Ende der Universalgeschichte? Ich meine: Das sollte nicht sein. Die Universalgeschichte ist zu Ende nur dann, wenn sie – für jeden Menschen und für alle Menschen zusammen – die einzige Geschichte sein will und keine anderen Geschichten neben sich duldet: denn justament dadurch wird sie zum Schrecken mit dickem Ende. Als eine Geschichte unter anderen Geschichten aber ist sie unverzichtbar, weil die Herbeiführung von Universalem unverzichtbar ist: z. B. die Herbeiführung der Menschenrechte, die Rechte für alle Menschen sind, allerdings – nimmt man es genau – als rechtliche Garantien für alle Menschen, anders sein zu können als alle anderen Menschen. Gleichheit ist angstfreies Andersseindürfen für alle. Universalisierung ist also nur als Pluralisierungsermöglichung gerechtfertigt, nur als Buntheitsförderung. Darum ist die Universalgeschichte legitim nur als eine Geschichte neben vielen anderen Geschichten: Universalgeschichte ist nur als Ermöglichung des Pluralismus der Geschichten menschlich. Weil das so ist, meine ich, ist Friedrich Schiller bei der Position seiner Antrittsvorlesung nicht stehengeblieben und die Philosophie der Geschichte nicht bei der Geschichtsphilosophie des deutschen Idealismus: denn der deutsche Idealismus wird wirklich menschlich erst durch Pluralisierung der Geschichte, also durch den Historismus, und der Historismus wird wirklich menschlich erst durch die – pluralitätswillige – Philosophie der Geschichten. Ich ergänze diese Überlegungen durch einen letzten Abschnitt:

5. *Bemerkungen zur Schiller-Professur*

Für jeden, der meinen Ausführungen gefolgt ist, muß evident sein: Historiographisch waren sie ziemlich karg. Ebenso evident ist, wer diesen Mangel meiner Ausführungen heilen könnte und sollte: Es wäre der für die Historiographie der Philosophie des deutschen Idealismus in Jena zuständige Philosoph, also der Inhaber der Professur für Philosophie mit dem Schwerpunkt Geschichte der Philosophie unter besonderer Berücksichtigung des deutschen Idealismus.

Diese Professur – deren Notwendigkeit vor allem auch durch die Mängel meiner Darstellung demonstriert ist: ein philosophischer Systematiker ist in der Regel eben doch nicht in der Lage, philosophiegeschichtliche Feinarbeit zu leisten – diese Professur ist derzeit noch nicht besetzt und (der Ausschreibungstext liegt der Friedrich-Schiller-Universität vor) noch nicht ausgeschrieben. Zwischenzeitlich hat mich das Gerücht sehr beunruhigt, daß – angesichts von Sparauflagen des Ministeriums – diese Professur in der Gefahr schwebe, eingespart zu werden. Ich bin dankbar für die Nachricht, daß dies nicht der Fall sein wird. Immerhin ist diese Professur nicht irgendeine: Sie ist nicht nur (a) im von der zuständigen Philosophie-Kommission des Thüringer Ministeriums für Wissenschaft und Kunst erarbeiteten Strukturplan für die Philosophie in Jena, dem der Senat zugestimmt hat, als Eckprofessur ausgewiesen; nicht nur ist (b) die Zustimmung der Thüringer Hochschulstrukturkommission[9] zum Personalstrukturplan der Universität Jena nur unter der ausdrücklichen Bedingung erfolgt, daß die Universität Jena diese Professur als C4-Professur realisiere; nicht nur empfiehlt (c) der Wissenschaftsrat das Aufgabengebiet gerade dieser Professur – deutscher Idealismus – der Universität Jena naheliegenderweise als Schwerpunkt; sondern diese Professur kann (d) zugleich – dies vor allem rechtfertigt, daß ich über sie in diesem Vortrag spreche – als heutiges Äquivalent der Professur Friedrich Schillers gelten. Ich komme – im Blick darauf – zurück auf das, was ich eingangs sagte: Auf dem Titelblatt der ersten Auflage des Drucks seiner Antrittsvorlesung nannte Schiller sich Professor der Geschichte in Jena. Nachdem der damalige Professor für Geschichte der Universität Jena, Heinrich, dagegen Einspruch erhoben hatte, nannte Schiller sich auf dem Titelblatt der zweiten Auflage Professor der Philosophie in Jena. Die erste Anregung, Schiller als Professor nach Jena zu holen, kam von dem Jenenser Philosophen Karl Leonhard Reinhold: Er wollte Schiller als Professor für Philosophie. Universalgeschichte war damals – ich hatte darauf hingewiesen – primär ein Pensum der Philosophie. Daß das, was

Schiller damals lehrte, Philosophie des deutschen Idealismus war, wird man füglich nicht bezweifeln können. Welches also war sein Fach? Philosophie? Geschichte? Philosophie und Geschichte? Voilà: Philosophie-Geschichte, und zwar unter besonderer Berücksichtigung des deutschen Idealismus, also genau das, wofür die Professur für Philosophie mit dem Schwerpunkt Geschichte der Philosophie unter besonderer Berücksichtigung des deutschen Idealismus zuständig ist.

Ich beglückwünsche also die Universität Jena zu ihrem entschiedenen Willen, gerade diese Professur – die Schiller-Professur – vor Streichungsgefahren zu bewahren; denn die Friedrich-Schiller-Universität kann wirklich nicht ausgerechnet die Professur Friedrich Schillers einsparen und dadurch ihren Schiller-Tag, den Tag der Erinnerung an den Beginn dieser Professur, zugleich zum Tag der Erinnerung an ihre Streichung werden lassen. Ich beende also meinen Vortrag zuversichtlich und mit besten Wünschen für diese Universität, der ich mich verbunden fühle. Ich wünsche der Friedrich-Schiller-Universität Jena für ihre Zukunft alles Gute. Darum auch wünsche ich ihr die alsbaldige Ausschreibung und Besetzung der Schiller-Professur: der Professur für Geschichte der Philosophie mit dem Schwerpunkt deutscher Idealismus.

Anmerkungen

1 F. Schiller, »Was heißt und zu welchem Ende studiert man Universalgeschichte?«, in: F. Sch., *Sämtliche Werke,* Säkularausgabe in 16 Bdn., hrsg. von E. von der Hellen [u. a.], Stuttgart 1904/05, Bd. 13, S. 3–24.

2 R. Koselleck, »Richtlinien für das Lexikon politisch-sozialer Begriffe der Neuzeit«, in: *Archiv für Begriffsgeschichte* 9 (1967) S. 82, 91, 95. Vgl. R. Koselleck, *Vergangene Zukunft. Zur Semantik geschichtlicher Zeiten,* Frankfurt a. M. 1979.

3 F. Schiller, »Resignation«, in: F. Sch., *Sämtliche Werke,* Säkularausgabe, Bd. 1, S. 199; vgl. S. 196–199.
4 *Schillers Briefe,* Kritische Gesamtausgabe, hrsg. und mit Anm. versehen von F. Jonas (1892/96), Bd. 3, S. 532.
5 F. Schiller, »Über die ästhetische Erziehung des Menschen« (1794), in: F. Sch., *Sämtliche Werke,* Säkularausgabe, Bd. 12, S. 7.
6 Ebd., S. 59.
7 F. Schiller, »Über naive und sentimentalische Dichtung« (1796), in: F. Sch., *Sämtliche Werke,* Säkularausgabe, Bd. 12, S. 183.
8 C. Lévi-Strauss, *Strukturale Anthropologie,* übers. von H. Naumann, Frankfurt a. M. 1978 (stw 226), S. 362.
9 Der Verfasser war 1991/92 Mitglied der Thüringer Hochschulstrukturkommission und Vorsitzender ihrer Philosophie-Kommission. Vgl. O. Marquard, »Rede anläßlich der Neugründung des Philosophischen Instituts der Friedrich-Schiller-Universität Jena und Übergabe der Geschäftsführung am 19. 11. 1992«, in: W. Hogrebe (Hrsg.), *Philosophie in Jena,* Erlangen/Jena 1993 (Jenaer Philosophische Vorträge und Studien, 1), S. 27–31.

Apologie der Bürgerlichkeit

Zu einer Philosophie, die auf sich hält, scheint in unserem Lande in unserem Jahrhundert zu gehören, daß sie gegen das Bürgerliche ist. Das galt in der Weimarer Republik: Was in ihr – einer bürgerlichen Republik, die schließlich das verlor, was eine Demokratie lebensfähig macht: die bürgerliche Mitte – politisch die »negativen Mehrheiten« waren, war in ihrer Kultur die Mehrheit bürgerlichkeitsnegierender Philosophien, die das Bürgerliche – etwa bei Spengler und Carl Schmitt und Heidegger – als »Untergang des Abendlandes« und als Unfähigkeit zum »Ausnahmezustand« und zur »Entscheidung« und als »Uneigentlichkeit« oder – etwa bei Bloch und Lukács – als Verrat an der »Utopie« und als Versäumnis der »Revolution« begriffen und angegriffen haben: Sie stritten gegen die bürgerliche Welt, und wir wissen, wie schrecklich die Weimarer Republik endete. Aber auch im Deutschland nach dem Zweiten Weltkrieg kultivierte die Philosophie – zunächst durch die existenzialistische, später durch die radikalökologische und postmoderne Kritik an der rationalistisch-technologischen Moderne – erneut den Angriff auf die bürgerliche Welt. Vor allem jedoch wurde – im real existent gewesenen Sozialismus staatlich verordnet, orthodox und nach der erneuten Ächtung von Lukács und der Vertreibung von Bloch überwiegend langweilig; in der alten Bundesrepublik durch die Faszinationskraft der Frankfurter Schule durchaus anregend und dann durch die sogenannte Studentenbewegung seit 1968 intellektuell eher genügsam, wenn auch breitenwirksam – in beiden Teilen Deutschlands (und ich betone: in beiden) der Marxismus zur philosophisch herrschenden Lehre, die gegen die – wie man sagte – »spätbürgerliche Welt« antrat, gegen den »Spätkapitalismus« (*Legitimationsprobleme im Spätkapitalismus* hieß 1973 ein Buch von Jürgen Habermas). Man trat also gegen die »spätbürgerliche Welt« an, weil deren Tage gezählt zu sein schienen, so daß es opportun wurde, dem Marxismus als wahrscheinlichem künftigen ideologischen Sieger in vorauseilendem Konformismus sich anzuschließen. So wurde – ich wiederhole: in beiden Teilen Deutschlands – der Marxismus (wenn auch in verschiedener Form) zur herrschenden philosophischen Lehre als eine besonders konsequente und aggressive Form dessen, was ich hier nennen werde: die Verweigerung der Bürgerlichkeit. Ausgemachte Sache schien zu sein: Bürgerlichkeit ist schlimm, Verweigerung der Bürgerlichkeit ist gut. Auch hier wissen wir inzwischen, daß diese Bürgerlichkeitsverweigerung im östlichen Teil Deutschlands real inexistent wurde, während sie im westlichen Teil Deutschlands nicht nur in der Philosophie kaum kritisch diskutiert wird, obwohl auch diese Vergangenheitsbewältigung längst überfällig wäre.

Ich möchte im Folgenden – teils aus skeptischem Widerspruchsgeist, teils aus Verdruß an der »Kritik« genannten Mitläuferei mit dieser vormals herrschenden Lehre, und obwohl auch mich in bezug auf den Marxismus das Taktgebot durchaus beeindruckt, das da lautet: einen toten Hund tritt man nicht – versuchen, dieser Negativierung des Bürgerlichen und dieser Positivierung seiner Verweigerung ausdrücklich entgegenzutreten und – durch einen bescheidenen Beitrag zur Apologie der Bürgerlichkeit – ihre Bewertung berichtigen. Meine These, die nichts Ausgeführtes, sondern eher eine Absichtserklärung ist, lautet: In unserer gegenwärtigen Welt steht es nicht deswegen schlimm, weil es zu viel, sondern deswegen, weil es zu wenig bürgerliche Gesellschaft in ihr gibt; denn problematisch in unserer Gegenwartswelt ist nicht die Bürgerlichkeit, sondern die Verweigerung der Bürgerlichkeit, so daß nicht zur Flucht aus der bürgerlichen Welt ermuntert werden muß, sondern zur Identifizierung mit der bürgerlichen Welt. Ich erläutere das hier ultrakurz und darum nur andeutungsweise in folgenden drei Abschnitten: 1. Ende des geschichtsphilosophischen Antimodernismus; 2. Zustimmung zur Bürgerlichkeit; 3. Rückfall in die Bürgerlichkeitsverweigerung? Ich beginne dabei – den Üblichkeiten entsprechend – mit Abschnitt:

1. *Ende des geschichtsphilosophischen Antimodernismus*

Wo die Bürgerlichkeit verweigert wird, gewinnt jene Philosophie Konjunktur, die die Menschen antreibt, die bürgerliche Welt hinter sich zu lassen, und die verspricht, daß durch diese – revolutionäre – Zerstörung der bürgerlichen Welt mit gesetzlicher Notwendigkeit eine bessere und die definitiv heile Welt erreicht wird. Das ist die finalisierende Geschichtsphilosophie, die – wie Arnold Gehlen es formuliert hat – »den großen Fahrplan kennt« und das gute Ende der Geschichte, das als Zweck die Mittel seiner Herbeiführung heiligt und die Opfer, die sie verlangt.

Für diese finalisierende Geschichtsphilosophie ist charakteristisch die Negation des – zunehmend bürgerlichen – gegenwärtigen Zeitalters und die Absicht seiner Überwindung. Das ist eine Gegenwartsnegation – eine Negation der gegenwärtigen Moderne – nicht mehr im Namen der Vergangenheit, sondern im Namen der Zukunft. Darum kann man von einem futurisierten Antimodernismus sprechen. Das ist natürlich bei Marx so durch seine Kapitalismuskritik und Kritik der bürgerlichen Gesellschaft, aber nicht erst bei ihm. Meines Wissens ist die erste gegenwartsnegierende Geschichtsphilosophie des 19. Jahrhunderts Johann Gottlieb Fichtes Vorlesungsreihe über *Die Grundzüge des gegenwärtigen Zeitalters* von 1806. Bereits in ihnen hat Fichte versucht, das gegenwärtige Zeitalter mittels einer finalisierenden Geschichtsphilosophie durch seine Negativierung zu bestimmen. Er ging aus vom – ihm angeblich a priori bekannten – »Zweck des Erdenlebens der Menschheit«: daß sie nämlich – wie er sagte – »alle ihre Verhältnisse mit Freiheit nach der Vernunft einrichte«. Daraus leitete Fichte »einen Weltplan« ab, wonach die Geschichte – a priori deduzierbar – fünf Epochen hat. Ich werde hier diese fünf nicht alle aufzählen, sondern sage nur: In der ersten Epoche – der Epoche vor dem Geschichtsfortschritt, dem »Stand« der »Unschuld« – ist die Menschheit noch unfrei. In der letzten Epoche – der Epoche nach dem Geschichtsfortschritt, dem »Stand der vollendeten Rechtfertigung und Heiligung« – ist die Menschheit frei. Das gegenwärtige Zeitalter aber ist – meinte Fichte – die mittlere, die dritte Epoche, in der die Menschen nicht mehr unschuldig und noch nicht gerechtfertigt und geheiligt, also ganz und gar noch nicht im Paradies der vollendeten Freiheit und darum in tiefsten Schwierigkeiten sitzen. So ist das »gegenwärtige Zeitalter« – folgerte Fichte – das »Zeitalter der vollendeten Sündhaftigkeit«.[1] Auf diese Deduktion der Grundzüge des gegenwärtigen Zeitalters von Johann Gottlieb Fichte weise ich hier vor allem hin, weil sie – mit Nachfolgegestalten, zu denen Marx gehört, der meiner Meinung nach vor allem Fichteaner war – eine Frühgestalt jener finalisierenden Geschichtsphilosophie ist, die die Jetztwelt geschichtsphilosophisch negiert, indem sie definitiv zu wissen glaubt, wie der Endzweck – das gute Ende – der Geschichte und der Weg zu ihm aussieht, und weil sie sich darum zur Negation aller Hindernisse auf diesem Weg zum Heil und aller Hindernisse seiner – revolutionären – Beschleunigung berechtigt glaubt. Darum negiert sie auch die Gegenwart – die bürgerliche Welt –, weil sie nicht diese Zukunft ist, sondern radikale Entfremdung, radikale Verdinglichung oder, wie Adorno sagte, der totale Verblendungszusammenhang. Der Zweck der Geschichte (bei Adorno ist das so nicht formuliert) heiligt die Mittel seiner Herbeiführung und die Opfer, die seine Herbeiführung verlangt: Für die Zukunft muß die Gegenwart und die Herkunft preisgegeben werden, für die finale Einheitsmenschheit die Vielfalt von Traditionen und

Individualitäten (so etwa Familie, regionale, nationale und traditionale Besonderheiten, Religionen), für die Geschichte die Geschichten, für die »große Verweigerung« die Toleranz, für die Revolution das Recht, für die Siegeszuversicht das Denken, für die Erwartung die Erfahrung, für die Emanzipation die Ökonomie, kurzum: für die Befreiung die Freiheiten; es braucht das *sacrificium liberalitatis.*

Wo diese finalisierende Geschichtsphilosophie ihren utopischen Traum zur Direktive der Wirklichkeit gemacht hat, hat sie – *fiat utopia, pereat mundus* – Unheil angerichtet. Wenn nunmehr Schluß gemacht wird mit diesem Unheil, so ist das nicht – wie Francis Fukuyama meinte[2] – das Ende der Geschichte, sondern – ganz im Gegenteil – das Ende der geschichtsphilosophischen Versuche, die Geschichte zu einem Ende zu bringen, also aus der Geschichte auszukneifen: etwa durch den sozialistisch inspirierten Versuch, ganze Weltbereiche aus der Geschichte – vor allem der Geschichte der Modernisierungen – planvoll hinauszusteuern. Dieses Ende der unheilvoll finalisierenden Geschichtsphilosophie ist – ich wiederhole es – nicht das Ende der Geschichte, sondern gerade die Rückkehr in die Geschichte. Darüber jetzt – andeutungsweise – im Abschnitt:

2. *Zustimmung zur Bürgerlichkeit*

Diese Rückkehr in die Geschichte ist vor allem die Chance zu einer Wende in der Moderne zu ihrer einstweilen liberalsten Gestalt, der bürgerlichen Welt. Ich sage: die Chance, weil wir inzwischen gesehen haben, daß sie oft nur zaghaft und zuweilen gar nicht ergriffen wurde. Diese Wende zur bürgerlichen Welt entfaltet zum Nutzen der Menschen, was die bürgerlichkeitsverweigernde Finalisierung behindert und preisgibt: die wissenschaftliche, technologische, ökonomische Modernisierung der Verhältnisse mit Sinn für die Freiheitswirkung des Eigentums, des Marktes, der Konkurrenz und des Wohlstandes. Wer freilich nur diese eine abstrakte Seite der bürgerlichen Welt sieht – das Moment »Zukunft« als »System der Bedürfnisse« und Arbeit und die Verwandlung der Wirklichkeit in Sachen – nimmt die bürgerliche Welt nur halb wahr: Als Gefangener kapitalismuskritischer Merkverbote durch die finalisierende Revolutionsphilosophie, etwa des Marxismus, verdrängt er, was die bürgerliche Welt – kompensatorisch zu ihren Versachlichungen – auch noch und ebensosehr ist: nämlich die Welt der »Herkunft«, der Familie, der sittlichen Üblichkeiten, der Religion, der bunten (und trotz allem überwiegend intakten) Traditionen, deren Pluralität Individualität ermöglicht, und der Bewahrungskultur als Freiheiten, die in der bürgerlichen Welt geschützter sind als in nichtbürgerlichen Verhältnissen. Denn: Durch ihre Rechtsverhältnisse ist die bürgerliche Welt das Reich der Gewaltenteilung; sie schützt »Zukunft« und »Herkunft« vor ihrer Gleichschaltung. Sie gewährleistet die Pluralität der Wirklichkeiten, die Liberalität garantiert. Das Individuum ist nur dort frei, wo Gewaltenteilung herrscht: also etwa die politische Gewaltenteilung mindestens von Legislative, Exekutive und Jurisdiktion, wie Montesquieu sie im berühmten Kapitel über die englische Verfassung in seinem *De l' esprit des lois* gerade in ihrer Freiheitswirkung klassisch beschrieben hat. Dabei ist die politische Gewaltenteilung nur ein Spezialfall der allgemeinen Buntheit der Wirklichkeit, der generellen Lebenspluralisierung. Nur dadurch, daß eine Mehrzahl von Wirklichkeitspotenzen existiert und wirkt, sichert jede von ihnen, indem sie den Menschen ebenfalls determiniert, Distanz und also Freiheit gegenüber den jeweils anderen: sie rettet ihn vor dem Alleinzugriff einer jeden. Für die Menschen gibt es nur dann Freiheit, wenn viele Mächte – politische Formationen, Wirtschaftskräfte, Sakralgewalten, Geschichten, Überzeugungen – auf sie einwirken: nicht gar keine und nicht nur eine, sondern viele. Denn die Menschen sind nicht dadurch frei, daß sie die Alleinregie und die Allmacht Gottes kopieren, sondern dadurch, daß eine Pluralität von Determinanten, die determinierend auf sie einstürmen, durch Determinantengedrängel einander wechselseitig beim Determinieren behindern: Einzig dadurch, daß jede weitere Determinante den Determinationsdruck jeder anderen einschränkt und mildert, haben Menschen ihre – bescheidene, durchaus endliche und begrenzte – je eigene (individuelle) Freiheit gegenüber dem Alleinzugriff einer jeden. Nicht die Nulldetermination und nicht die Übermacht einer einzigen (gegebenenfalls besonders erhabenen) Determinante macht die Menschen frei, sondern die Überfüllte an Determinanten tut es. So behaupte ich – als skeptisch-moralistisch generalisierte Gewaltenteilungsthese – die Freiheitswirkung der Überdetermination, die es nur durch eine Pluralität nichtidentischer Wirklichkeitspotenzen gibt. Für sie bietet die bürgerliche Welt – die darum die bewahrenswerteste der uns historisch erreichbaren Sozialformen ist – besonders gute Bedingungen: Darum ist gerade die bürgerliche Welt liberal. Denn auf diese Nichtidentität des Vielfältigen kommt es an; und gerade sie – die Gewaltenteilung der Wirklichkeiten – gehört zur bürgerlichen Welt. Wer die bürgerliche Welt so – also nicht nur halb, sondern ohne Wegsehen und in diesem Sinne ganz – wahrnimmt, bemerkt sie zugleich als Wirklichkeit, die für uns als kompensierte Welt und wegen ihrer gewaltenteilungsbedingten Liberalität auf nüchterne und pragmatische Weise zustimmungsfähig ist.

Ich verwende dabei – das wird Ihnen nicht entgangen sein – einen weiten Begriff des Bürgerlichen. Ich vernachlässige absichtlich die Unterscheidung zwischen *bourgeois* und *citoyen*; denn der *bourgeois* – der Besitz-, Lohn- und Wirtschaftsbürger – erwirtschaftet die Subsistenzmittel, ohne die der mündig politische *citoyen* nicht selbstbestimmt leben kann. Im übrigen: Zur bürgerlichen Welt gehört nicht nur die Emanzipation des »dritten Standes«, sondern auch der Vorgang, daß der »vierte Stand« – das Proletariat – in den »dritten Stand« sich auflöst, den u. a. die ökonomische Einsicht, die reformistische Arbeiterbewegung und der liberale und soziale Rechtsstaat bewirkt hat. Das ist – im Gegensatz zu jener Ausbürgerung des Proletariats, die Marx durch seine Verelendungstheorie irrtümlich prognostiziert hat – der Vorgang der »Einbürgerung des Proletairs«, wie Franz von Baader ihn 1835 genannt hat in seinem Aufsatz mit dem griffigen Titel: *Über das dermalige Mißverhältnis der Vermögenslosen oder Proletairs zu den Vermögen besitzenden Classen der Societät in Betreff ihres Auskommens sowohl in materieller als in intellectueller Hinsicht aus dem Standpunkte des Rechts betrachtet.*[3] Dabei meine ich – waghalsig –, daß diese – die Einbürgerung der scheinbar zunehmend Verelendeten – langfristig auch das Entwicklungsschicksal der dritten Welt sein wird: nicht – wie die enteuropäisierte, ins Exotische sich rettende Verelendungstheorie meint – die Verelendung, sondern die »Einbürgerung« der dritten Welt. Zur Bürgerwelt gehört auch das, was durch den Begriff der »Überkreuzrealisierung« beschrieben worden ist: daß die humanen Ziele der bürgerlichkeitsverweigernden Geschichtsphilosophie z. B. marxistischer Position nicht im real existierenden Sozialismus, sondern in der bürgerlichen Welt annäherungsweise verwirklicht wurden; daß hingegen die Repressionen, die sie der bürgerlichen Gesellschaft zugetraut hat, nicht in dieser, sondern in den Sozialismen perfektioniert wurden.

Das bedeutet nicht, daß die bürgerliche Liberalwelt ohne Probleme ist. Ich sehe sie nicht als Himmel auf Erden, nicht als Realisierung einer Utopie, nicht als finale Heilsgemeinschaft: die müßte ja wieder geschichtsphilosophisch finalisierend proklamiert werden. Ich meine nur: Es gibt zur bürgerlichen Welt keine für uns historisch erreichbare Alternative, die wünschenswert wäre. So und nur so – scheint mir – ist die bürgerliche Welt in bescheidener, in unprinzipieller Weise zustimmungsfähig: Sie ist – durch die Freiheitswirkung der Gewaltenteilung als kompensierte Welt – mehr Nichtkrise als Krise. Denn – ich wiederhole es – in der

Wirklichkeit steht es nicht deswegen schlimm, weil es zu viel, sondern deswegen, weil es zu wenig bürgerliche Gesellschaft in ihr gibt. Drum auch ist die Bundesrepublik – also schließlich Deutschland in seiner jetzigen rechtsstaatlichen Ganzheit – keine mißlungene Revolution, sondern eine gelungene Demokratie, und zwar nicht obwohl, sondern gerade weil sie eine bürgerliche Welt ist, die eine politische Existenz hat diesseits der ausnahmezustandssüchtigen Frage, ob eine linke oder eine rechte Revolution und Diktatur vorzuziehen oder gar vorzubereiten sei, und die statt dessen – diesseits der linken oder rechten Radikalismen und Extremismen – die Kultur der Mitte, also der Vermeidung dieser bürgerlichkeitsverweigernden Alternative ist: als bürgerlich liberale Demokratie. Das – diese Zufriedenheit mit der Normalität und diese Resistenz gegen die Verführung durch das Enorme – muß man verteidigen: auch gegen die heutigen bürgerlichkeitsverweigernden Kassandren und Jammerathleten vom Dienst, die durch Revolutionsnostalgie und Gegenwartsverdruß ihren Enttäuschungsbedarf decken und ihre Unkenrufpotenz steigern als Fähigkeit zur Wacht am Nein. An der Zeit ist – gegen das Lob gut nur gemeinter Idealismen – die Rehabilitierung des pragmatischen Sinns der Skepsis. Dazu allerdings braucht es Widerspruchsgeist und Mut: jenen Mut, der – auch im Blick auf die Begriffsgeschichte der *andreia politiké* und *fortitudo civilis* – am legitimsten und sehr wörtlich zu nehmen »Zivilcourage« heißt, nämlich den Mut zur Bürgerlichkeit. Jetzt zum abschließenden Abschnitt:

3. *Rückfall in die Bürgerlichkeitsverweigerung?*

Durch das Ende der bürgerlichkeitsverweigernden Geschichtsphilosophie kommt die moderne Welt zu sich selber als bürgerliche Welt. Sie beendet jene Verweigerung der Bürgerlichkeit, die die finalisierende Geschichtsphilosophie betrieb. Hier taucht nun das Problem auf, daß – pointiert gesprochen – die Verweigerung der Bürgerlichkeit gegenwärtig trotz ihres Endes offenbar nicht zu Ende ist. Denn der Hang zum Nein perenniert, z. B. durch die Selbstverständlichkeit moralischer Verklärung antibürgerlicher Positionen. Warum ist das so? Ich möchte hier – abschließend kurz – einige Motive für die andauernde Negation des Bürgerlichen andeuten, nämlich insgesamt fünf (a–e). Da ist:

a) die Negativierungswirkung des kurzen Gedächtnisses: daß Übel nicht der für sie ursächlichen Vergangenheit (sei es dem Nationalsozialismus, sei es dem existent gewesenen Sozialismus) zugerechnet werden, sondern der – bürgerlichen – Gegenwart, die dadurch schlimmgeredet wird. Wolfgang Bergsdorf hat vom Pyrrhus-Prinzip gesprochen.[4] Politische Gewinner erben durch ihren Sieg jene Schwierigkeiten, die von ihren Vorgängern erzeugt wurden, welche durch diese Schwierigkeiten schließlich gescheitert sind. Diese Schwierigkeiten werden dann – ich füge hinzu: durch unser kurzes Gedächtnis, das die Vergangenheit als Ursache ausblendet und sich (auch mit der Deckung unseres Sündenbockbedarfs) ausschließlich an die Gegenwart hält – alsbald jenen Verhältnissen, ihren Dirigenten und Exponenten angelastet, die gegenwärtig agieren: So kommt es zur Negation der – bürgerlichen – Gegenwart und zu nostalgischen Reaktionen gegenüber der totalitären, der antibürgerlichen Vergangenheit. Dagegen hilft nur, das kurze Gedächtnis wieder zum langen Gedächtnis zu machen: durch Erinnern, also gerade auch durch jenes methodische Erinnern, das die historischen Geisteswissenschaften sind. Da ist:

b) Die Negativierungswirkung von Übererwartungen. Der Eindruck von Mängeln – also auch und gerade die Enttäuschung durch die bürgerliche Welt – kann stets zwei Gründe haben: entweder ist da zu wenig Erfüllung, oder da ist zu viel Erwartung. Ich denke, wir leiden vor allem an der Übererwartung: Zum allgemeinen Anspruchsdenken gehört auch das Anspruchsdenken in Dingen Vollkommenheit der Welt. Hegel – in seiner Sollenskritik[5] – hat gezeigt: perfektionistische Sollforderungen wirken als Realitätsvermiesung. Dieser Negativierungsmechanismus ist bei uns heute am Werk: Weil die vorhandene Wirklichkeit der Himmel auf Erden sein soll und nicht ist, gilt sie als Hölle auf Erden, als ob es dazwischen nichts gäbe, um dessen Bestand zu zittern und den zu verteidigen sich lohnte: die Erde auf Erden. Wir – die spätkulturell Verwöhnten, die daher auch durch die perfekte Weltgelungenheit verwöhnt sein wollen – produzieren unsere Modernitätsverdrossenheit – die Neigung zur Negation und Verweigerung der bürgerlichen Welt – durch unsinnige Vollkommenheitsansprüche. Da ist:

c) die Übelstandsnostalgie der Wohlstandswelt. Wo das Negative – durch jene Entlastung von ihm, die die moderne Kultur ist – aus der Wirklichkeit zunehmend verschwindet, verschwindet nicht gleichzeitig auch die menschliche Negationsbereitschaft. Sie wird nur arbeitslos und sucht – übelstandsnostalgisch – neue Beschäftigungen und findet sie auch, selbst wenn sie sie erfinden muß: schließlich in jener modernen Kultur selber, die vom Negativen entlastet, gerade weil sie vom Negativen entlastet. Durch diese Übelstandsnostalgie der Wohlstandswelt wird endlich – in Ermangelung anderer Negationsmöglichkeiten – der Wohlstand selber zum Übelstand ernannt. Denn je besser es den Menschen geht, desto schlechter finden sie das, wodurch es ihnen besser geht: Die Entlastung vom Negativen – gerade sie – verführt zur Negativierung des Entlastenden, so daß die moderne, die bürgerliche Welt gerade durch die Lebensvorteile, die sie bringt, suspekt wird: Gerade weil sie Krisen besiegt, wird sie zur Krise umerfahren und ermächtigt dadurch jene finalisierende Sehnsucht, die als Verweigerung der Bürgerlichkeit weiterhin auftritt. Da ist:

d) der nachträgliche Ungehorsam, der – speziell in Deutschland – diesen Hang zum Nein zur bürgerlichen

Welt verstärkt. Er hat mit unserer dunkelsten Vergangenheit zu tun: Wir fürchten uns vorm Jasagen, weil im zweiten Viertel unseres Jahrhunderts in unserem Lande zwölf Jahre lang zu viel ja gesagt worden ist. Darum wollen wir das damals versäumte Neinsagen durch heutiges Neinsagen nachholen: den unterbliebenen Aufstand gegen die Diktatur durch chronische Aufsässigkeit gegen die Nichtdiktatur – die bürgerliche Liberalwelt – wettmachen. Das nenne ich – mit einem Gegenbegriff zu Freuds »nachträglichen Gehorsam« – den nachträglichen Ungehorsam. Als Reaktion ist dieser nachträgliche Ungehorsam zwar verständlich, doch wohl kaum vernünftig, sondern eher absurd, wenn er das gegen unmenschliche Zustände unterbliebene Nein durch ein Nein gegen menschliche Zustände ausgleichen will und sich für den Nichtwiderstand gegen die Tyrannei durch den Widerstand gegen die Nichttyrannei zu salvieren sucht. Auch wird häufig vergessen, daß vor den zwölf Jahren des falschen Jasagens fünfzehn Jahre lang falsch Nein gesagt worden ist: nämlich zur Weimarer Republik. So entsteht – statt des fälligen Friedens mit der modernen, der bürgerlichen, der bei uns vorhandenen Liberalwelt – eine Art Schweinezyklus des Nein- und Jasagens; denn man sagt – nachdem man an der falschen Stelle, nämlich zu unmenschlichen Zuständen, ja gesagt hat und daraufhin an der falschen Stelle, nämlich zu menschlichen Zuständen, nein gesagt – dann auch leicht wieder an der falschen Stelle, nämlich erneut zu unmenschlichen Zuständen, ja: Darum – denke ich – reüssierten in Deutschland in den letzten Jahrzehnten so häufig romantische und opportunistische und nostalgische Sympathien für Revolutionsdiktaturen; und sie tun es ersichtlich noch. Da ist:

e) die Permanenz des Außerordentlichkeitsbedarfs. Die liberale Bürgerwelt bevorzugt – gut aristotelisch – das Mittlere gegenüber den Extremen, die kleinen Verbesserungen gegenüber der großen Infragestellung, das Alltägliche gegenüber dem »Moratorium des Alltags« (wie Manès Sperber das genannt hat[6]), das Geregelte gegenüber dem Erhabenen, die Ironie gegenüber dem Radikalismus, die Geschäftsordnung gegenüber dem Charisma, das Normale gegenüber dem Enormen, kurzum: die Bürgerlichkeit gegenüber ihrer Verweigerung. So ist die bürgerliche Welt – auch weil die Lebensvorteile, die sie bringt, als selbstverständlich gelten – nicht sehr aufregend, ein wenig langweilig und reichlich allzumenschlich. Darum gibt es die, denen die ganze bürgerliche Richtung nicht paßt, weil sie ihren Außerordentlichkeitsbedarf nicht deckt und die Erziehungsbegierde und das Machtbedürfnis der Außerordentlichkeitshüter und radikalen Weltverbesserer nicht befriedigt. Dieser Außerordentlichkeitsbedarf wurde durch die Übertreibung des Fortschrittsgedankens in der Geschichtsphilosophie erzeugt, die den Menschen – zunächst in ihrer bürgerlich werdenden Gegenwart – einen außerordentlichen Platz zuwies: den Ausnahmezustand der maximalen Fortgeschrittenheit. Doch je mehr man realisiert, daß die Fortgeschrittenheit der Gegenwart durch die Fortgeschrittenheit der Zukunft überboten und dadurch entmaximalisiert wird, oder je mehr – insbesondere auch durch den Kollaps der finalisierenden Geschichtsphilosophie – die Utopie des emphatischen oder des revolutionären Fortschritts selber aporetisch wird, droht der Gegenwart der Außerordentlichkeitsverlust. Darum soll nun ihre Außerordentlichkeit durch die außerordentliche Negation der Gegenwart – der vorhandenen, der bürgerlichen Welt – gerettet werden. Wenn die Gegenwart nicht der positivste Ausnahmezustand ist, soll sie wenigstens der negativste Ausnahmezustand sein; wenn sie nicht das unübertrefflich Beste ist, soll sie wenigstens das unübertrefflich Schlimmste sein, das »Zeitalter der vollendeten Sündhaftigkeit«, das zu sein man ihr bestätigt, indem man die gegenwärtig vorhandene – die bürgerliche – Welt negiert: durch jene Verweigerung der Bürgerlichkeit, die so – durch diese Permanenz des Außerordentlichkeitsbedarfs – ihr Ende überlebt.

Aber es ist unvernünftig, die Illusion des positivsten Ausnahmezustandes durch die Illusion des negativsten Ausnahmezustandes zu ersetzen: nicht zuletzt deswegen, weil die Romantik des Ausnahmezustandes insgesamt unvernünftig ist. Vernünftig ist, wer den Ausnahmezustand vermeidet. Darum – meine ich – spricht alles für die Bürgerlichkeit; und darum – meine ich – spricht alles gegen die Verweigerung der Bürgerlichkeit.

Anmerkungen

1 J. G. Fichte, »Die Grundzüge des gegenwärtigen Zeitalters« (1806), in: *Fichtes Werke*, hrsg. von I. H. Fichte, Nachdr. Berlin 1971, Bd. 7, S. 1–254, hier S. 7 und 11 f.

2 F. Fukuyama, »The End of History?«, in: *The National Interest* 16 (1989) S. 3–18. Vgl. F. Fukuyama, *Das Ende der Geschichte. Wo stehen wir?*, übers. von H. Dierlamm, U. Mihr und K. Dürr, München 1992.

3 F. v. Baader, *Sämtliche Werke*, hrsg. von F. Hoffmann [u. a.], Leipzig 1854, Bd. 6, S. 139; vgl. S. 125–144.

4 W. Bergsdorf: »Rekord im Kanzleramt«, in: *Die Politische Meinung* 324 (1996) S. 63–66.

5 Vgl. O. Marquard, »Hegel und das Sollen«, in: O. M., *Schwierigkeiten mit der Geschichtsphilosophie. Aufsätze*, Frankfurt a. M. 1973, S. 37–51.

6 M. Sperber, *Leben im Jahrhundert der Weltkriege*, Frankfurt a. M. 1983, S. 48.

Entlastung vom Absoluten

In memoriam Hans Blumenberg

Hans Blumenberg, der am 28. März 1996 in Altenberge in der Nähe von Münster gestorben ist, wurde am 13. Juli 1920 in Lübeck geboren. Die Hansestadt Lübeck ehrt ihn durch die heutige Erinnerungsstunde. Sie hat mich gebeten, dabei den Vortrag zu halten. Dieser Bitte entspreche ich im Blick auf einen Mann, den ich nicht nur als Philosophen über alle Maßen geschätzt, sondern auch als Menschen gemocht habe, indem ich – einige persönliche Erinnerungen an ihn ergänzend – hier eine kurze Charakteristik seines Werks versuche, das ich – wie weltweit viele Intellektuelle und Philosophen – für eines der faszinierendsten Œuvres der deutschen Philosophie nach dem Zweiten Weltkrieg halte. »Welchen gegenwärtigen Philosophen halten Sie für bedeutend?«, wurde Hans Jonas gefragt; er antwortete: »Hans Blumenberg«.

Meine Charakteristik gliedere ich in folgende vier Abschnitte: 1. Zugang; 2. Grundgedanke; 3. Schreibart; 4. Endlichkeit. Ich beginne mit Abschnitt:

1. *Zugang*

Mein Vortrag ist keine Blumenberg-Expertise; denn ein Blumenberg-Experte: das bin ich nicht. Ich bin – obwohl ich von ihm mehr als nur viel gelernt habe – kein Blumenberg-Schüler: dafür gehöre ich – acht Jahre jünger als er – doch zu sehr zu seiner Generation; auch habe ich ihn dafür – Anfang bis Mitte der sechziger Jahre – zu spät kennengelernt. Ich bin auch kein Blumenberg-Forscher: keiner, dessen Absicht es war oder ist, möglichst alles von ihm gelesen, interpretiert, durchdacht zu haben und über seine Lebensumstände möglichst viel zu wissen. Gewiß, ich habe meine eigenen Schüler – etwa Franz Josef Wetz, der natürlich auch ohne mich fast gleichzeitig darauf gekommen wäre – angestiftet, sich in Blumenberg einzulesen und über ihn zu schreiben. Ich habe auch selber über Hans Blumenberg gesprochen und geschrieben: zuerst 1968 im Mythos-Band der »Poetik und Hermeneutik«; und ich habe z. B. die Laudationes auf ihn bei der Verleihung des Sigmund-Freud-Preises für wissenschaftliche Prosa der Deutschen Akademie für Sprache und Dichtung 1980 und 1982 bei der Verleihung des Ehrendoktors der philosophischen Fachbereiche der Justus-Liebig-Universität Gießen an ihn geschrieben und gehalten. Aber ein Blumenberg-Experte – ich wiederhole es, damit Sie wissen, was Sie von meinen Ausführungen erwarten können und was nicht – bin ich nicht. Denn mein Zugang zu seinem Werk – das bei meinen eigenen Arbeiten freilich ständig präsent ist, denn es fasziniert, es begeistert mich – war anders motiviert, weil es sich aus anderen Situationen ergab. Denn:

a) Näher kennengelernt habe ich Hans Blumenberg, indem ich 1965 in Gießen – nur für kurze Zeit – sein engster Kollege wurde: durch Berufung auf jenen zweiten philosophischen Lehrstuhl, den er selber dort durchgesetzt hatte. Ich erinnere mich dankbar an seine Starthilfe, die er mir – dem damals noch ganz unerfahrenen philosophischen Jungprofessor – zuteil werden ließ, etwa indem er mir zeigte, wie man ein Institut leitet; dabei gestand er: »Der Direktor hier sind Sie; denn mich hat man 1960« – das war, als er selber von einem Extraordinariat in Hamburg kommend Ordinarius in Gießen wurde – »vergessen zum Direktor zu ernennen: ich habe das nicht reklamiert«, fügte er hinzu, »man weiß ja nie, wofür so etwas gut sein kann.« So durfte ich – was ich ohnehin ganz und gar für selbstverständlich hielt – seiner Sekretärin erlauben, auch noch nach seiner offiziellen Übersiedlung nach Bochum seine Stenorettenbänder abzutippen: Auf diese Weise ist in der Ludwigstraße 12 in Gießen *Die Legitimität der Neuzeit* geschrieben worden; und seither weiß ich, daß zumindest seine dicken Bücher diktierte Bücher sind.

b) Ebenfalls 1965 wurden Hans Blumenberg, Hermann Lübbe und ich auf Vorschlag von Helmut Schelsky zu Mitgliedern des Gründungsgremiums der ostwestfälischen, der späteren Universität Bielefeld berufen. Hans Blumenbergs Interesse – und auch das war charakteristisch für ihn – galt dabei nicht dem Fach Philosophie im engeren Sinne, sondern dem Zentrum für interdisziplinäre Forschung. Und schließlich:

c) Hans Blumenberg war einer der vier Begründer der – pionierhaft interdisziplinären – Forschungsgruppe »Poetik und Hermeneutik«, die 1963 in Gießen begann und zu der seit 1966 auch ich gehörte. Ihr Schrittmacher war Hans Robert Jauß, ihr dominierender Philosoph aber war zweifellos Hans Blumenberg; sein prägender Einfluß reicht weit über das siebte Kolloquium dieser Gruppe – 1974 – hinaus, nachdem er – der es gern gehabt hätte, wenn die Gruppe sich in eine brieflich agierende Korrespondenzgemeinschaft verwandelt hätte – sich aus der Forschungsgruppe zurückzog. Aber auch durch diese Wirksamkeit war er einer der entscheidenden Initiatoren interdisziplinärer Arbeit in der Philosophie.

In allen drei Situationen – als Kollege im selben Seminar, durch Koexistenz im selben Gründungsteam und durch Kooperation in der selben Forschungsgruppe – war es für mich unabdingbar, ihn und seine Philosophie zu kennen, und zwar so gut, daß ein fruchtbares Zusammenspiel möglich wurde, sozusagen – fußballtechnisch gesprochen – in blindem Verständnis auch das Spiel ohne Ball und in den freien Raum. Dazu bedurfte es nicht der auf gelehrte Weise detaillierten Blumenberg-Kenntnis, wohl aber einer pragmatischen Kompaktkenntnis seiner Philosophie, die freilich auf dem laufenden zu halten immer schwieriger wurde, weil sein Werk immer mehr an Umfang zunahm. Denn jetzt – nach der ungedruckt gebliebenen Kieler Dissertation und Habilitationsschrift, seinen Kopernikus-Studien und begriffsgeschichtlichen Arbeiten, seinen *Paradigmen zu einer Metaphorologie* von 1960 – erschienen seine dicken Bücher: nach der *Legitimität der Neuzeit* von 1966 erschien 1975 *Die Genesis der kopernikanischen Welt*, 1979 *Arbeit am Mythos*, 1981 *Die Lesbarkeit der Welt*, 1986 *Lebenszeit und Weltzeit*, 1989 *Höhlenausgänge* und die zahlreichen schmaleren Bücher, z. B. *Schiffbruch mit Zuschauer*, *Das Lachen der Thrakerin*, *Die Sorge geht über den Fluß* und *Matthäuspassion*. Diese Bücher – umfangreich und thematisch vielgestaltig durch Blumenbergs stupende Gelehrsamkeit – kann man sich (konnte jedenfalls ich mir) für jene pragmatische Kompaktkenntnis nur durch eine Reduktion ihrer Komplexität aneignen, die jener Reduktion ähnlich ist, die heute die Künstler interessiert: Wieviel Bild kann man bei einem Bild weglassen, ohne daß es aufhört, ein Bild zu sein? Wieviel Theater kann man bei einem Theaterstück subtrahieren, ohne daß es aufhört, Theater zu sein? Wieviel Musik kann man bei der Musik einsparen, ohne daß sie aufhört, Musik zu sein? Ganz analog ist die Frage: Wieviel kann man von Blumenbergs Werk weglassen, ohne daß das Residuum dieser Textvernichtung aufhört, wirklich Blumenberg zu sein? Für diese Reduktion – mein germanistischer Kollege Ulrich Karthaus hat mich einschlägig an Morgenstern erinnert – wäre es günstig, im Besitz zu sein einer der von Korf erfundenen »Brillen, deren Energien / ihm den Text zusammenziehn«: den ganzen Text von Blumenberg vielleicht nicht nur – obwohl auch das philosophisch ehrenwert wäre – in »Ein – Fragezeichen«, wohl aber in etwas durchaus Äquivalentes: nämlich in einen Grundgedanken. Darüber jetzt im Abschnitt:

2. *Grundgedanke*

Dieser Grundgedanke der Philosophie von Hans Blumenberg schien mir und scheint mir der Gedanke der Entlastung vom Absoluten. Die Menschen halten das Absolute nicht aus. Sie müssen – in verschiedenster Form – Distanz zu ihm gewinnen. Ich habe das zuerst in meiner Freud-Preis-Laudatio auf ihn 1980 in Darmstadt formuliert und ihn anschließend gefragt: »Sind Sie sehr unzufrieden mit dieser Interpretation?« Darauf er, der sehr höflich sein konnte: »Unzufrieden bin ich nur damit, daß man so schnell merken kann, daß alles ungefähr auf diesen Gedanken hinausläuft.«

Das Lebenspensum der Menschen ist die Entlastung vom Absoluten, die Kultur als Arbeit an der Distanz. Darum – meine ich – geht es in der Philosophie von Hans Blumenberg. Es geht darum in der *Legitimität der Neuzeit*: Die Menschen halten Gott nicht aus; darum erfinden sie – als erste Überwindung der Gnosis – das Mittelalter und – als zweite Überwindung der Gnosis – die Neuzeit: Sie schützen sich vor dem »theologischen Absolutismus« eines allzu allmächtigen Gottes, indem sie die Selbsterhaltungs- und Selbstbehauptungskultur und die wissenschaftliche Neugierkultur der Neuzeit erfinden. Und um diese Entlastung vom Absoluten geht es in Blumenbergs *Genesis der kopernikanischen Welt*: Die Menschen halten das Leiden der Welt nicht aus und versuchen es darum – durch die von den Griechen gleichzeitig mit der Tragödie erfundene »Theorie« – über dem Blick auf den fernen faszinierenden Kosmos zu vergessen; aber dieser faszinierende Kosmos erweist sich – nach dessen kopernikanischer Entzauberung – als abweisende Wüste, von der die Menschen sich ihrerseits entlasten müssen durch Zustimmung zur Erde als Oase in dieser Wüste, zur Erde als menschlicher Lebenswelt. Und um Entlastung vom Absoluten ging es auch in Blumenbergs Buch *Arbeit am Mythos.* Am Anfang – der historisch immer schon verjährt ist – herrscht der »Absolutismus der Wirklichkeit«; die Abhängigkeit von dieser bedrohlichen Übermacht namens Wirklichkeit haben die Menschen durch Arbeit gemildert, insbesondere auch durch Arbeit am Mythos: indem sie die Wirklichkeit – durch »archaische«, durch »mythische Gewaltenteilung« – in eine Vielzahl von Geschichten verwandeln und ihren Schrecken in Spiele. Darauf können wir Menschen nicht verzichten. Wir bleiben – meint dieses Buch, das für Blumenberg schließlich zum Goethe-Buch wird – mythenpflichtig: Der Mythos ist nicht »zu Ende zu bringen«, die Geschichten, die Bilder, die Mythen haben wir niemals hinter uns. Auch Blumenbergs Buch über *Die Lesbarkeit der Welt* macht dies geltend: Die Menschen entlasten sich von der absoluten Wirklichkeit durch ihre distanzierende Umwandlung zum buchähnlichen Pensum von Lektüren mit dem Buch der Bücher im Hintergrund, so daß noch unsere avanciertesten Naturwissenschaftler – etwa, wo sie den »genetischen Code« entschlüsseln – Philologen und Exegeten bleiben. Auch die *Höhlenausgänge* setzen dieses Konzept der Entlastung vom Absoluten fort: Es brauchen und finden und bauen die Menschen zur Entlastung von der absoluten Tödlichkeit der Außenwelt Höhlen; als unvermeidlich durch Sichtbarkeit exponierte und gefährdete Lebewesen suchen sie Schutz in diesen Höhlen und ihren Nachfolgeformen, den Institutionen, und entwickeln dort Kultur, Innerlichkeit und Reflexion, durch die sie die absolute und gefährlich direkte Wirklichkeit auf Distanz halten. So – in diesen vielförmigen Schritten – zeigt Hans Blumenberg, daß die Menschen leben, indem sie sich von jener unaushaltbar absoluten und unmittelbaren Wirklichkeit entlasten, zu der auch Gott gehört. Aber indem die Menschen sich von Gott entlasten, entlastet sich Gott zugleich von den Menschen und verläßt sie: Gott ist tot. Darum hört Blumenberg Bach – 1988 in einer neuen Rezeption der *Matthäuspassion* – als eine Art Nietzsche vor Nietzsche, indem er jene Worte zentralisiert, die in dieser Passionsgeschichte die letzten Worte des Menschensohnes am Kreuz sind: »Mein Gott, mein Gott, warum hast du mich verlassen?« So ist – meine ich – dieses späte Buch von Hans Blumenberg das, was gerade auch seine frühen Bücher waren: eine radikalisierte Theodizeefrage, die keine Antwort findet.

Ich wiederhole: Der Grundgedanke der Philosophie von Hans Blumenberg schien mir und scheint mir zu sein der Gedanke der Entlastung vom Absoluten. Die Menschen halten das Absolute – als Wirklichkeit und als Gott – nicht aus: Sie müssen Distanz zu ihm gewinnen; und ihr Lebenspensum – die Kultur – ist die Arbeit an dieser Distanz, die allemal zugleich die Sänftigung der Einfalt durch die Vielfalt ist: durch die Entlastung von jenem einen Absoluten, das wir – als Wirklichkeit und als Gott – in seiner ungeteilten Macht nicht aushalten und nur ertragen, indem wir sie durch eine Pluralität von Umgangsformen distanzieren, durch »die Proklamation des Plurals«, wie Eckhard Nordhofen das genannt hat. Es fehlt uns jenes phänomenologisch-anthropologische Buch von Hans Blumenberg, das uns vielleicht die Möglichkeit verschafft hätte, diesen Grundgedanken der Philosophie von Blumenberg noch plastischer zu fassen; eben daß die Menschen die Entlastung vom Absoluten brauchen. Diese Grundthese – meine ich – prägt auch sein schriftstellerisches Verfahren, über das ich nun einige Bemerkungen machen möchte im Abschnitt:

3. *Schreibart*

Denn auch durch die literarische Form seiner Arbeiten hat er – der argumentierte, indem er diskursiv oder aphoristisch erzählte – diese Entlastung vom Absoluten gesucht.

Hans Blumenberg war als Philosoph zugleich ein bedeutender Schriftsteller. Er hatte nicht nur die Gabe, auf sensibelste Weise Probleme zu sehen, sondern vermochte sie auch auf spannendste Weise zu explizieren. Er hat eindrucksvolle wissenschaftliche Prosa geschrieben: gewissermaßen Problemdrucksteigerungsprosa, durch die philosophische Problemlagen alptraumfähig werden in seinen – wie ich sie genannt habe – als gelehrte Wälzer getarnten Problemkrimis, die uns merkender machen für das, was los ist. Aber Hans Blumenberg hat sie nicht nur geschrieben, er hat auch gesagt, was wissenschaftliche und was philosophische Prosa ist. Von den *Paradigmen zu einer Metaphorologie* von 1960 zur allgemeineren »Theorie der Unbegrifflichkeit« im Anhang von *Schiffbruch mit Zuschauer* von 1979 weitergehend, unterstreicht er: Die exakte Begriffssprache ist nicht die unüberbietbare Gestalt der Wissenschaftssprache. Das cartesische Programm der Terminologisierung und Formalisierung der Wissenschaften ist unzureichend. Keine Wissenschaft und keine Philosophie kommt aus ohne Bilder und Mythen: jede ist metaphernpflichtig. Erlauben Sie mir, das salopp zu formulieren: Wie beim Grog gilt: Wasser darf, Zucker soll, Rum muß sein, so gilt bei der Philosophie: Formalisierung darf, Terminologie soll, Metaphorik muß sein; sonst nämlich lohnt es nicht: dort nicht das Trinken und hier nicht das Philosophieren.

Drum auch – meinte Hans Blumenberg, hierbei ganz Hermeneutiker – darf man die philosophische Systematik nicht von ihrer Historie und auch die philosophischen Begriffe und Metaphern nicht von ihrer Geschichte trennen. Dazu gehört bei ihm – der hier in den Spuren Ernst Cassirers ging – der Schritt vom Substanzdenken zum Funktionsdenken in der Philosophie-, der Geistes- und Wissenschaftsgeschichte. Die Geschichte – meint Hans Blumenberg – ist keine Chaussee, auf der unveränderliche Traditionssubstanzen transportiert werden, so daß dann Historiker streiten können, an welchem Chausseebaum welcher Unfall oder Straßenraub passierte, etwa der Straßenraub »Säkularisation«. Sondern die Geschichte ist ein haushälterisches System von Stellen, in welche Antworten oder andere vitale Arrangements als Funktionsträger eintreten, die bei ihrem Verschwinden Vakanzen und Wiederbesetzungspflichten hinterlassen, deren Erfüllung – da fast alles mit allem zusammenhängt – Konsequenzprobleme nach sich zieht: So ist alles in offener Bewegung. Das ist Blumenbergs »Historismus«, wobei er »Historismus« als Ehrentitel verstand. Dieses – mit der Metaphorik des Personalhaushalts operierende – Umbesetzungsmodell der Geschichte schärft den Blick für historische Folgelasten und ist darum – meine ich – überaus tauglich, Gesinnungsdenken durch Verantwortungsdenken zuträglich zu ersetzen.

Zugleich aber ließ Hans Blumenberg sich nicht durch die heute gängigen Metaphysikverbote schrecken. Er hielt an den großen Fragen der Philosophie fest: Gott, Welt und Mensch, Tod, Übel; z. B. an der Frage: Kommt der Tod durch die Sünde oder nicht vielmehr umgekehrt die Sünde durch den Tod in die Welt?, etwa auch dadurch, daß der Mensch, das Wesen, das »zögert« und dadurch »nachdenklich« sein kann, zu wenig Lebenszeit hat, um genug zögern zu können? Er hält – besonders Franz Josef Wetz hat das in seinem Blumenberg-Buch unterstrichen – an diesen großen Fragen fest und gibt sie nicht preis. In der Tat: Ich kenne keine gegenwärtige Philosophie, die – bei genauester Kenntnis der Geschichte der Metaphysikkritik – so unbefangen und fruchtbar Metaphysik treibt wie die Philosophie von Hans Blumenberg. Denkverbote hat er nie akzeptiert: So wird ihm alles philosophisch wichtig, vom phänomenologisch zu beschreibenden Alltagsbefund über die Anekdoten bis zur Literatur und Dichtung und zur Bibel. Darum läßt er sich auch kein stilistisches Genre verbieten: von der begriffsgeschichtlichen oder metapherngeschichtlichen Miszelle über die philosophische Abhandlung, das systematisch-problemgeschichtliche Fundamentalwerk, den Essay, die poetische Erzählung, die Fabel und den Aphorismus. Auch als Autor pflegte er die stilistische Gewaltenteilung und teilte – je älter er wurde – den einen Autor Hans

Blumenberg in jene Vielfalt von Autoren, die er – der multiple Philosoph – in sich vereinte. Schließlich – in meinem Charakterisierungsversuch zuletzt – versuche ich auf ein Problem hinzuweisen, das Hans Blumenberg in besonderer Weise bewegt hat. Ich tue das im hier abschließenden Abschnitt:

4. *Endlichkeit*

Mein Lieblingsbuch von Hans Blumenberg ist *Lebenszeit und Weltzeit*, das er vor zehn Jahren [sc. 1986] veröffentlicht hat. Dort entwickelt Blumenberg – auf der Grundlage einer eigenwilligen und glanzvollen Interpretation der »genetischen Phänomenologie« des späten Edmund Husserl – als zentrales Zeitproblem die menschliche Lebenskürze: Je mehr die Menschen – nach ihrer Vertreibung aus der Lebenswelt der unmittelbaren Selbstverständlichkeiten – die sogenannte »objektive« Welt mit ihrer unfaßlich riesigen »Weltzeit« entdecken, desto unausweichlicher entdecken sie zugleich, daß ihre »Lebenszeit« eine ultrakurze »Episode« ist, limitiert durch den Tod, der unerbittlichen Grenze für ihren vitalen und kognitiven Weltappetit. Die »Kongruenz« von »Lebenszeit und Weltzeit« erweist sich als Wahn; die »Öffnung der Zeitschere« zwischen »Lebenszeit und Weltzeit« erweist sich als Wirklichkeit. So wird der Fristcharakter unserer Lebenszeit für Hans Blumenberg zentral: Unsere Zeit ist endlich; denn jedermanns gewisseste Zukunft ist sein Tod. Das ist – hier muß ich eine frühere Interpretation von mir korrigieren und Blumenbergs brieflichen Einspruch berücksichtigen – kein empörter Protest gegen den Tod, weil er unseren Weltzugang limitiert; sondern Blumenberg sieht den Tod – etwa 1983 in seinem Selbstverständnis-Aufsatz, beispielsweise im Rekurs auf Seneca – als Freiheitsbedingung. Zitat: »›Qui potest mori non potest cogi.‹ Zu deutsch vielleicht: ›Wer sich davonzumachen weiß, ist nicht bedrückbar.‹« (So weit das Blumenberg-Zitat.) Doch gilt eben dies: Die knappste unserer knappen Ressourcen ist unsere Lebenszeit. So erfahren wir uns als Episode; und das Buch *Lebenszeit und Weltzeit* wird zur temporalen Phänomenologie der menschlichen Endlichkeit.

Es gibt für die Menschen Vorzeichen dieser temporalen Endlichkeit: die Krankheiten. Das hat Hans Blumenberg 1982 in seinem Aufsatz »Goethes Sterblichkeit« im Blick auf Schicksalsschläge und Krankheitskrisen jenes Dichters interpretiert, mit dem er sich – nicht nur in seinem Mythos-Buch – so intensiv auseinandergesetzt hat, daß er gesagt haben soll: Goethes Geburtstag sei ihm wichtiger als sein eigener. Es war nur konsequent, daß die Endlichkeit als Sterblichkeit auch auf diese Weise ins Zentrum der philosophischen Aufmerksamkeit von Hans Blumenberg rückte. Denn die Entlastung vom Absoluten führt zum Wichtigkeitsgewinn der Endlichkeit.

Auf diese – vor allem in *Lebenszeit und Weltzeit* philosophisch explizierte – Erfahrung, keine Zeit zu haben, antwortete Hans Blumenberg in seiner Lebenspraxis durch jene Eigenheiten, die ihm den Ruf eintrugen, »schwierig« zu sein. Meine eigene Erfahrung mit ihm war das überwiegend nicht: Ich empfand ihn als hilfsbereit, anregend, loyal, natürlich auch als Herausforderung und als einen, mit dem man durchaus gut auskommen konnte: dies auch wegen seines Humors und seines ausgeprägten Sinns fürs Spielerische, durch den er insbesondere intelligente Spielzüge honorierte und sich dadurch zuweilen entwaffnen ließ. Ich meine: Seine Eigenheiten entstanden dadurch, daß er sein Leben – gerade angesichts der Knappheit der Lebenszeit – bewußter und rationaler einrichtete als die meisten seiner Mitmenschen. Ich erinnere mich an gute Gespräche mit ihm am 16. Oktober 1980, als er in Darmstadt den Freud-Preis erhielt. Er sagte zu mir: »Sie haben in Ihrem Leben keine Zeit verloren. Ich habe acht Jahre verloren, die ich aufholen muß.« Ganz offensichtlich dachte er – ohne es auszusprechen – daran, daß er – der in der Terminologie der Nazis »Halbjude« war – 1939 nach seiner Schulzeit nicht auf die Universität durfte, darum auf kirchliche theologisch-philosophische Hochschulen in Paderborn und St. Georgen auswich und – als ihm auch das verboten wurde – im Lübecker Dräger-Werk arbeitete und so vorübergehend geschützt war, dann in ein Lager mußte, aus dem er entkam und in Lübeck versteckt wurde, bis er – nach dem Ende des Krieges – endlich studieren durfte: in Hamburg, in Kiel. Um diese verlorene Lebenszeit aufzuholen (so ist es auf mich gekommen), hat er fortan nur sechsmal in der Woche geschlafen und dadurch wöchentlich einen Arbeitstag gewonnen: Möglich war das nur dadurch, daß er auch die Nacht zur Arbeitszeit machte. Das – was seine Erreichbarkeit nicht erleichterte – war die lebenspraktische Antwort auf seine Erfahrung der Zeitnot, deren Wurzeln er in *Lebenszeit und Weltzeit* philosophisch beschrieb. In diesen Zusammenhang gehört dann auch, daß er sich spätestens seit Ende der sechziger Jahre – um die verlorene Lebenszeit aufzuholen – aus der Öffentlichkeit zurückzog: keine Vorträge mehr, weg vom Wissenschaftstourismus und seinen Konversationsorgien, von den großen Verwaltungsturnieren der Gruppenuniversität, um in »haushälterischem« Umgang mit der knappen Ressource Lebenszeit sich (konzentriert auf enorme Lektürepensen und auf die Zwiesprache mit seinem Diktiergerät) völlig der Arbeit an seinen Texten zu widmen. Das war – man pflegt das zu vergessen – nicht von Anfang an so; denn er hat zunächst – über die Forschung und Lehre hinaus – viel Kraft investiert in die Arbeit für die Universität: als langjähriges Mitglied des Senats der Deutschen Forschungsgemeinschaft und z. B. auch für die institutionelle Wiederherstellung der Universität Gießen. Dann aber hatte er – und dabei mag auch eine Rolle gespielt haben, was der Universität seit 1968 angetan wurde – berechtigterweise den Eindruck, bei den institutionellen Pflichten mehr als die meisten anderen getan zu haben, so daß nun endlich einmal andere dran waren. Darum hat er sich – um die verlorene Lebenszeit aufzuholen – ab 1970 als Professor in Münster und seit 1985 als Emeritus schließlich in seine ganz private Höhle – seine Schreibhöhle in Altenberge im Münsterland – zurückgezogen und sozusagen die Klingel am Höhlenausgang abgestellt. Hans Robert Jauß, Henning Ritter und Martin Meyer haben den Mut gehabt, nicht nur durch Telephonkontakte diese Barriere hin und wieder zu überwinden. Wir anderen, und ich werfe mir das durchaus vor, haben so viel Respekt vor ihm gehabt, daß wir auch diese seine methodische Vereinsamung respektiert haben, die ihn – obwohl er sie wollte – doch wohl auch traurig gemacht hat. Er – dieser anregende, eindrucksvolle, großartige Mann, dessen besonderes Kennzeichen war: nur besondere Kennzeichen zu haben – hat vielleicht unterschätzt, wie stark er als Philosoph und Schriftsteller trotzdem präsent und wirksam war. Er hat seine letzten Arbeiten – Nachdenkliches über Thomas Manns Tagebücher und eine phänomenologische Anthropologie, von der er schon 1982 sprach, als meine Frau und ich ihn nach der Verleihung des Gießener Ehrendoktors bei uns zu Hause das letzte Mal sahen – nicht mehr publiziert. »Für wen eigentlich?«, soll er gefragt haben. Ich glaube eine Antwort zu wissen, die – über seinen Tod hinaus – diese Resignation dementiert. Für wen eigentlich? Ich meine: Für uns und für ihn, den wir uns, auch durch ihn selber, nicht nehmen lassen dürfen.

Aufklärung mit Wirklichkeitssinn

Zum 70. Geburtstag von Hermann Lübbe

Am 31. Dezember 1996 wird er siebzig Jahre alt: Hermann Lübbe, der ab 1971 als Professor für Philosophie und politische Theorie an der Universität Zürich lehrte und inzwischen – nach seiner Emeritierung – dort Honorarprofessor ist. Es steht außer Zweifel, daß er zu den besten und einflußreichsten Köpfen der Gegenwartsphilosophie gehört.

Er wurde in Aurich in Ostfriesland geboren, studierte Philosophie, Theologie, Soziologie und Germanistik, wurde in Freiburg i. Br. promoviert und in Erlangen habilitiert. Er war Privatdozent in Erlangen, Hamburg und Münster, ehe er Professor wurde: zuerst in Bochum, dann in Bielefeld und schließlich in Zürich. Dazwischen – 1966–1970 – war er Staatssekretär der SPD-Regierung Kühn in Nordrhein-Westfalen. Er ist Mitglied mehrerer wissenschaftlicher Akademien und spielt eine wichtige Rolle in Wissenschaftsförderungsorganisationen. Jüngsthin leitete er den Strukturausschuß der Gründungskommission der Universität Erfurt.

Sein philosophisches Werk ist umfangreich; nur einige Bücher davon seien hervorgehoben: *Politische Philosophie in Deutschland* (1963), *Theorie und Entscheidung* (1971), *Fortschritt als Orientierungsproblem* (1975), *Philosophie nach der Aufklärung* (1980), und vor allem jene drei Bücher, die man für seine bisherigen Hauptwerke halten kann: *Geschichtsbegriff und Geschichtsinteresse* (1977), *Religion nach der Aufklärung* (1986) und *Im Zug der Zeit* (1992). Die wichtigsten philosophischen Ergebnisse Lübbes lassen sich vielleicht in folgende vier Thesen zusammenfassen:

1. Wir leben und denken »nach der Aufklärung«. Das ist keine Absage an die Aufklärung, sondern macht ganz im Gegenteil geltend: Die Aufklärung ist in der modernen

Welt grundsätzlich – und zustimmungsfähig – erfolgreich. Sie ist keine nur bevorstehende, sondern eine in erheblichem Maß schon geleistete Arbeit. Wo – durch Wissenschaftsfeindschaft und Kulturverdrossenheit – Unbehagen an dieser erfolgreichen Aufklärung entsteht, geschieht dies parasitär zu ihr. Gegen solch »gegenaufklärerische« Tendenzen muß man die moderne Aufklärungswelt verteidigen: durch Common sense und pragmatische Vernunft.

2. Krisenträchtig ist – in der modernen Aufklärungswelt – der Fortschritt nicht deshalb, weil er durch »verkrustete Strukturen« gebremst wird, sondern weil er zu ungebremst verläuft. Unser Problem ist das zunehmende Veränderungstempo der modernen Welt: ihre Innovationsbeschleunigung und »Gegenwartsschrumpfung«, durch die immer mehr immer schneller zur Vergangenheit wird und durch die wir unsere Gegenwart immer schneller zugunsten der Zukunft verabschieden müssen, so daß wir schon in der Gegenwart die Gegenwart als jene Vergangenheit rezipieren, die sie für die Zukunft sein wird: durch »Präzeption«.

3. Dieses Beschleunigungsproblem wird nicht durch revolutionäre Beschleunigungsüberbietungen, sondern durch die Ausbildung einer modernen Kontinuitätskultur gelöst oder wenigstens erträglich. Darum blühen im Zeitalter der beschleunigten Weltvereinheitlichungen – etwa der Europäisierung – die Regionalismen; und darum gehört zur modern wachsenden Veraltungsgeschwindigkeit ihre Kompensation durch zunehmende Bewahrungskultur, durch den historischen Sinn, durch konservatorische Aktivitäten, durch das Museum, durch Ästhetisierungen und durch den Geltungsgewinn von veralterungsresistenten Vergangenheiten, also von Klassiken.

4. Durch den Aufklärungsfortschritt wird unsere Wirklichkeit immer beherrschbarer. Doch gerade dadurch wird immer deutlicher, daß wir Menschen nie alles beherrschen werden: Unverfügbar bleiben die Kontingenzen, also Geburt, Tod und andere Schicksalsschläge. Darum braucht

gerade die moderne Expansion der Wirklichkeitsbeherrschung die »Kontingenzbewältigungspraxis« der Religion. Sie stirbt durch die erfolgreiche Aufklärung nicht nur nicht ab, sondern ganz im Gegenteil: Je aufgeklärter die moderne Welt wird, desto unentbehrlicher wird die Religion.

Der Philosophie von Hermann Lübbe hat man – vor allem in der jüngeren Frankfurter Schule und bei ihren Mitläufern – das Etikett »Neokonservatismus« anhängen wollen. Aber in Wirklichkeit ist Lübbe ein Aufklärer, nur eben einer, der – phänomenologisch, analytisch und hermeneutisch geschult – exaltierte Formen der Aufklärung, die faktisch zur Gegenaufklärung werden, meidet und weiß: Erfolge der Aufklärung muß man – fortschrittskonservativ – bewahren, sonst wird man zum Aufklärungsverweigerer. Gegen die, die nie etwas ändern wollen, und gegen die, die aus jeder vorhandenen Lage aussteigen, argumentiert Hermann Lübbe zugleich streitbar und gelassen. Dabei ist eine seiner Stärken diese: Er hat – im Laufe seines Lebens- und Denkweges – alle philosophischen Positionen absolviert, die seine sensibelsten Altersgenossen ebenfalls absolviert haben, nur sehr viel schneller und sehr viel früher. Als Habermas noch im Bannkreis von Heidegger dachte, war Lübbe schon bei Marx. Als die Frankfurter Schule nach dem Zweiten Weltkrieg wiederentdeckte, daß sie die Frankfurter Schule war, hatte Lübbe sie schon hinter sich. Als sie zum Neomarxismus wurde, war Lübbe schon bei der reformistischen Sozialdemokratie. Als diese traditionsreiche Partei zu utopistischen und revolutionsnostalgischen Traumtänzereien überging, erinnerte Lübbe sie an ihre liberalen Traditionen durch eine Aufklärungsphilosophie ohne Realitätsverlust. So blieben die intellektuellen Avantgardisten hinter der Aufklärung zurück. Hermann Lübbes Philosophie jedoch wurde zur besonnensten und lebensklügsten Form der philosophischen Aufklärung, die wir heute haben.

Der Philosoph als Schriftsteller

Bemerkungen über Søren Kierkegaard und Josef Pieper

Die erste philosophische Vorlesung, die ich in meinem Leben gehört habe, war – im Sommersemester 1947 in Münster im Hörsaal der Medizinischen Klinik am Westring – Josef Piepers Vorlesung über Thomas von Aquin. Damals – ich gestehe es – hat mich weder der Name Josef Pieper noch der Name Thomas von Aquin in diese Vorlesung gelockt: Beide waren mir unbekannt, was man einem gerade Neunzehnjährigen nachsehen mag, der aus dem stockprotestantischen Hinterpommern stammte und dann auf eine politische Schule geriet, die es sich – gelinde gesagt – nicht zum Ziel gesetzt hatte, ihre Schüler auf Thomas und auf Thomas-Interpretationen aufmerksam zu machen.

Ich ging in Josef Piepers Vorlesung, weil ich philosophisch interessiert war und weil sie am Samstag stattfand: Als Bauhilfsarbeiter der Firma Büscher hatte ich – der in der damaligen Numerus-clausus-Zeit seine Studienzulassungschancen durch ein Schippsemester am hiesigen Schloß zu verbessern suchte – strenge Arbeitszeiten: Nur eine Vorlesung am Samstag war für mich überhaupt erreichbar; und die einzige philosophische Vorlesung am Samstag war Piepers Thomas-Vorlesung. So – als prästudentischer Schwarzhörer, der heute, achtundvierzig Jahre nach der Untat, wenigstens den Versuch machen möchte, beim Dozenten jener Vorlesung die nachträgliche Genehmigung des Zuhörens zu erbitten – so also habe ich Josef Pieper kennengelernt, der mich in seiner Vorlesung jedenfalls davon überzeugt hat, daß der Umgang mit Thomas das Gegenteil bloßer Kuriositätenpflege ist und daß man von beiden – von Thomas und von Pieper – Entscheidendes lernen kann. Hier konnte ich anknüpfen, als mich Ludger Oeing-Hanhoff, alsbald einer meiner engen Freunde, auf jene Gruppe von Thomas-Interpreten aufmerksam machte, die ich selber wenig später »Transzendentalthomisten« genannt habe und zu der auch Max Müller gehörte, der – als Joachim Ritter, mein zentraler philosophischer Lehrer, für drei Jahre in die Türkei verschwand – in Freiburg mein Doktorvater wurde.

Die Besonderheit des Stils des mündlichen und schriftlichen Philosophierens von Josef Pieper hat mich schon damals beeindruckt. Aber die sprachliche Form war für mich damals noch nicht zum eigenen Problem geworden. Jedoch scheint mir Josef Pieper durchaus mitursächlich dafür, daß mir wenig später aufging, daß – schon deswegen, weil nur jene Philosophie sich lohnt, die man auch in schweren Lebenslagen noch bemerkt – ein Philosoph philosophische »und« schriftstellerische Pflichten hat. Als ich 1958 Josef Pieper mein erstes Buch – die Druckfassung meiner Kant-Dissertation – zuschickte, hat er mir geschrieben und – mit nobler Sachlichkeit und überzeugend – zwei kurze Bemerkungen von mir über seine Position (ungefähre Charakterisierungsrichtung: Philosophie ist Vollzug der Tradition) zurückgewiesen. Ich kann aus diesem Brief leider nicht zitieren, denn – freilich ganz anders als Manfred Meiner, der nachher darüber sprechen wird – auch ich verlege Philosophie: Sogar sehr häufig verlege ich philosophische Bücher, philosophische Notizen, philosophische Briefe, nämlich dorthin, wo ich sie nicht wiederfinde; und das ist leider auch mit diesem Brief geschehen. Inzwischen sehe ich Josef Piepers Position auch deswegen ein wenig anders, weil – durch Lebenserfahrung – meine eigene Philosophie sich geändert hat: Ihre Bezeichnung als »Skepsis« habe ich zwar aufrechterhalten, inzwischen aber durch das Pieper-Wort »Zustimmung« ergänzt.[1] Darum hoffe ich, mit meinen heutigen Überlegungen nicht erneut den damaligen Anlaß zur berechtigten Rüge zu geben, sondern allenfalls anderen.

Ich gliedere (nach dieser ungebührlich autobiographisch gefärbten Einleitung) diese Überlegungen über den Philosophen als Schriftsteller in folgende vier Ultrakurzabschnitte: 1. Philosophie und Sprache; 2. Stil als ökologische Maßnahme; 3. Stil als karitative Maßnahme; 4. Positionen und Pointen. Ich beginne meine Überlegungen – den Üblichkeiten entsprechend – mit Abschnitt:

1. *Philosophie und Sprache*

Philosophie ist, wenn man trotzdem denkt: trotz – dies heißt das auch heute – jener Scheuklappen, die wir tragen und durch die wir Wirklichkeiten übersehen. Die Philosophie ist der – oder wenigstens ein – Versuch, diese Scheuklappen loszuwerden; sie ist insofern der Versuch des Verzichts auf die Anstrengung, dumm zu bleiben. Dafür muß sie merken, was sonst unbemerkt, und sagen, was sonst ungesagt bliebe; und dafür braucht sie die Sprache.

Braucht die Philosophie auch die Schrift? Der Ahnherr unserer Innung – Sokrates – hat nicht geschrieben. Aber wir wüßten wenig von seiner Philosophie, hätte Platon nicht geschrieben, obwohl doch auch für Platon die Schrift verdächtig war: Sie verderbe – meinte er – das Wirklichkeitsverhältnis. Dieser Einwand ist auch – und alsbald intensiv: von der philosophischen Rhetorikkritik über Bacons Idolenkritik bis zu Wittgensteins Sprachkritik – gegen die Sprache selber gewendet worden: Die Sprache selber betrüge, indem sie die Wirklichkeit an Reichtum zu überbieten oder zu unterbieten suche. Dann wird die Philosophie zur Sprachkritik, aber in zwei möglichen Richtungen. Entweder – so im Normaltrend des modernen philosophischen *linguistic turn* – muß dann die Sprache – wobei die Mathematiker helfen – zur künstlichen Formalsprache gereinigt werden, oder die Sprache muß – wofür auch Josef Pieper eintritt und wobei die Dichter helfen – durch Verteidigung und Entwicklung des Reichtums der natürlichen Sprache gestärkt werden, im Extremfall – man denke an Hans Blumenberg – durch die Kultur der Metapher gerade auch in der Philosophie.

Das alles geht nicht ohne Schrift, nicht ohne geschriebene Philosophie. Das Geschriebene hilft überdies bei der Festigung von Überlieferungen: insbesondere auch bei der Stabilisierung von philosophischen Traditionen und philosophischen Schulen. Wo diese philosophischen Traditionen und Schulen es – in der modernen Veränderungswelt – vielleicht zunehmend schwerhaben, lebendig zu bleiben, müssen Einzelne einspringen, die auf eigene Faust und Rechnung die Überlieferung retten, indem sie als »Autoren« mit eigenem Stil die Philosophie schreiben. Das sind die Philosophen als Schriftsteller, die – meine ich – vor allem zur modernen Welt gehören: als Moralisten, als Typus des *philosophe-écrivain*, zu dem hierzulande heute zuweilen (wenn auch selten) Angehörige der Geisteswissenschaften gehören: der verspäteten Moralistik der verspäteten Nation.

Diese philosophischen Schriftsteller – überwiegend also Figuren der modernen Philosophiegeschichte – können als Zerstörer von Traditionen auftreten: von den junghegelianischen Intellektuellen bis zu Sartres *littérature engagée*. Aber sie können – als philosophisch eigenwillige Schriftstellerexistenzen – auch Traditionen revitalisieren, indem sie diese Traditionen gleichzeitig distanzieren und fortsetzen. So verfahren zwei philosophische Schriftsteller, die ich hier – um anzudeuten, was ein Philosoph als Schriftsteller ist und sein kann – kontrastieren möchte, nämlich Søren Kierkegaard und Josef Pieper, die – schon als erklärte Christen – Gemeinsamkeiten haben und doch Gegensätze sind. Durch den Blick auf das, was – gedanklich und sprachlich – der eine macht, begreift man besser, was – gedanklich und sprachlich – der andere macht, und so, was ein Philosoph als Schriftsteller ist und sein kann. Beide sind nicht zufällig gewählt: Bei Josef Pieper versteht sich die Wahl am heutigen Tag von selbst; bei Søren Kierkegaard ist Josef Pieper – wie er autobiographisch berichtet hat: angeregt durch Theodor Haecker – sehr früh, noch bevor Thomas von Aquin der Philosoph seines Lebens wurde, zumindest vorbeigekommen. Beide sind Philosophen als Schriftsteller dadurch, daß sie – wie Kierkegaard in seinen Schriften über sich selbst das nannte – zugleich »religiöse Schriftsteller« sind, wobei ich mit meiner Meinung nicht hinter dem Berg halten möchte: daß ein Philosoph, der nicht in diesem Sinn irgendwie »religiöser Schriftsteller« ist, auf philosophische Fragen verzichtet, auf die ein Philosoph nicht verzichten sollte. Zuerst blicke ich kurz auf Søren Kierkegaard, und zwar im Abschnitt:

2. *Stil als ökologische Maßnahme*

Es gibt – schrieb Kierkegaard in der *Unwissenschaftlichen Nachschrift* – drei Existenzsphären: die ästhetische, die ethische und die religiöse. Der romantische Ästhetiker ist für sich »der einzige Mensch«; der Ethiker ist »der allgemeine Mensch«; der Religiöse ist als Mensch »der Einzelne« »vor Gott«. Der Ästhetiker – »seine Wirklichkeit ist bloße Möglichkeit« – »dichtet, anstatt zu sein«; der Ethiker ist dem Allgemeinen verpflichtet und gesetzestreu; der Religiöse glaubt. Zugleich nannte Kierkegaard als »Konfinium« – als Grenzgebiet – zwischen dem Ästhetischen und Ethischen die sokratische »Ironie«, zwischen dem Ethischen und dem Religiösen den »Humor«. Doch in der tatsächlichen Lebens- und Denkwirklichkeit Kierkegaards wurde das Ethische – Familie, Amt, Institutionen – »suspendiert«: Es kommt – im Namen der »Existenz« – zum Opfer des Allgemeinen, zum *sacrificium essentiae*. Drum auch verschwinden die von ihm theoretisch postulierten Konfinien, und zentral wichtig wird für ihn jenes Konfinium, das bei ihm theoretisch gar nicht vorgesehen war: das Grenzgebiet zwischen dem Ästhetischen und dem Religiösen, das Kierkegaard selber lebte – wie er sagte – als »Dichter-Existenz mit Richtung aufs Religiöse«. In diesem Konfinium entfaltete Kierkegaard seine »Wirksamkeit als Schriftsteller«.

Diese schriftstellerische Wirksamkeit Kierkegaards (wenigstens ihr Hauptteil) hatte, wie man weiß, eine eigenartige Form, die Kierkegaard selber »indirekte Mitteilung« nannte. Er schrieb über das, was ihm das Allerernsteste war, über Gott und sein Verhältnis zu ihm, aber nicht in der Form des Ernstes, sondern in der Form seines Gegenteils, des Scherzes, also auf eigene Weise ironisch; denn Ironie ist: etwas durch sein Gegenteil sagen. Kierkegaard selber schrieb darüber, in Kopenhagen wußte das jeder, aber er schrieb pseudonym, so daß er das, was er schrieb, zugleich dementierte. Er schrieb es betont »ohne Vollmacht«, mit reflexionenreicher Sorge, »keine Autorität« zu sein, nur als »Genie«, nicht quasi als »Apostel«, und durchweg einzig im Konjunktiv: als »Denkprojekt«, als »metaphysische Grille«. Er wollte auf den christlichen Glauben »aufmerksam machen«, aber – so schien es – er stand nicht für ihn ein. So machte er das, was ihm unendlich ernst war, für seine Leser zum Nicht-Ernst, indem er ihnen das, was er ihnen darüber sagte, zugleich vorenthielt.

Warum schreibt jemand so? Warum hat Kierkegaard diese »indirekte« Form benötigt, um über Gott zu schreiben? Meine Antwort – die für Kierkegaard-Experten sicher nicht dadurch reputierlicher wird, daß sie mir schon lange plausibel scheint – ist diese: Søren Kierkegaards »indirekte Mitteilung« wurde nötig quasi aus ökologischen Gründen: um die Menschen vor einem Gott zugleich zu schützen, der die Welt – als der ganz Andere zu ihr – durch ihre Zerstörung erlöst, so daß – schrieb Kierkegaard 1849 in einer Notiz, die ich für eine Schlüsselstelle halte – die christliche »Botschaft [...], menschlich gesprochen, gewesen ist, und jederzeit bleibt Grausamkeit«.[2] Darum hat Kierkegaard philosophisch gezögert, diesen Gott, an dem er doch hing, und diese Botschaft seinen Mitmenschen durch seine Schriften direkt zuzumuten. Darum spielte er (und dafür wurde ihm der sprachliche Stil entscheidend wichtig) dem Leser die Entscheidung zu, ob er damit – daß Gott die Welt durch ihre Negation erlöst – konfrontiert werden will oder nicht. So wie Kierkegaard – meine ich – muß ein Philosoph schreiben, der – mit höchster Sensibilität für den Umstand, daß eine Philosophie einen Menschen beschädigen kann und darum durch stilistische Maßnahmen entsorgt werden muß – Gott als Nein zur Welt erfahren hat. Es ist ein philosophischer Verschonungs- und Ersparungsstil, den Kierkegaard schreibt: Für seine Philosophie ist Stil eine ökologische Maßnahme. Nach dieser Andeutung über Søren Kierkegaard nunmehr – ebenfalls ganz kurz – über Josef Pieper, und zwar im Abschnitt:

3. *Stil als karitative Maßnahme*

Auch Josef Pieper hatte ich, mit Kierkegaards Formel, einen Philosophen genannt, der zugleich »religiöser Schriftsteller« ist. Denn auch in seiner Philosophie geht es zentral um Gott. Doch bei Josef Pieper – meine ich – ist Gott gerade nicht die Negation der Welt, sondern ganz im Gegenteil der, der Ja sagt zur Welt, indem er sie geschaffen hat, und weiter Ja sagt zur Welt, indem er sie erlöst.

Darum gibt es in der Philosophie von Josef Pieper kein *sacrificium mundi*. Die Welt – dies denkt und schreibt er ohne den Versuch, ihre vorhandenen Schrecklichkeiten wegzuretouchieren – die Welt ist grundsätzlich gut und wahr und schön, weil sie Gottes Welt ist: Das legen Piepers Bücher über die transzendentalen Wechselbestimmungen des Seienden – wenn ich sie kurz so nennen darf – dar: etwa das über die *Wahrheit der Dinge* und das über *Die Wirklichkeit und das Gute*. Und – anders als bei Kierkegaard – wird bei Pieper das Ethische – dessen Sollen für ihn seinen Grund hat in dieser seinsmäßigen Bonität und ontologisch veritablen Verfassung der Wirklichkeit – gerade nicht »suspendiert«. Im Gegenteil: Gerade dem Ethischen, insbesondere den »Tugenden« – den theologischen wie den Kardinaltugenden – gilt der überwiegende Hauptteil seines Werkes, indem er »über den Glauben« und »über die Hoffnung« und »über die Liebe« schrieb und über den »Sinn der Tapferkeit« und »über die Gerechtigkeit« und »über die Klugheit« und über »Zucht und Maß«. Und ebenso ist – was ja zentral zum Ethischen gehört – das »Glück« sein Thema: daß es »Muße und Kult« braucht und die »Kontemplation« und darum auch das »Philosophieren«: die Überschreitung der »Arbeitswelt« durch das »Staunen« im Blick auf »das Ganze« und jene »Tradition«, die jede Philosophie fortsetzt. Darum empfinde ich als das zentrale Stichwort von Josef Piepers Philosophie das, mit dem er das Fest charakterisierte: »Zustimmung zur Welt«. Dazu – nota bene – gehört auch Piepers Zustimmung zu seiner westfälischen Heimat, indem er meistens in Münster lebte und gleichwohl – weltläufig – die Welt kennt: Auch das ist eine Zustimmung zur Welt, die von der Zustimmung Gottes zur Welt lebt. Kritik von Josef Pieper gilt dabei jenen Lebenshaltungen, die nicht mehr auf die »ganze« Welt, sondern nur noch auf die funktionale, die »Arbeitswelt« setzen, wozu – meint er – vor allem die Neuzeit, die moderne Welt neigt.

Es scheint mir ganz und gar plausibel, daß eine solche Philosophie der Zustimmung zur Welt anders geschrieben sein muß als Kierkegaards Philosophie des weltnegierenden Gottes. Das schließt die brillante Komposition und Diktion, also die Meisterschaft der sprachlichen Form nicht nur nicht aus, sondern gerade ein: Zweifellos – obwohl doch das Positive zu schreiben schwerer ist als das Negative zu schreiben – hat Josef Pieper z. B. über die Hoffnung vergleichbar schön geschrieben wie Kierkegaard über die Verzweiflung, die »Krankheit zum Tode«. Aber Kierkegaard hat eben den Gott, auf den er philosophisch aufmerksam machen wollte, durch Stil versteckt: Er bezweifelte seine Aushaltbarkeit. Josef Pieper hingegen schreibt philosophisch über den Gott, der ja sagt zur Welt und selber jene Zustimmung zur Welt ist, die Piepers Philosophie denkend nachvollzieht. Die Menschen haben Anspruch darauf, von dieser Zustimmung zur Welt philosophisch zu erfahren. Darum muß der Philosoph Josef Pieper zugleich Schriftsteller werden, um diese Menschen als Leser zu erreichen: argumentierend, meditierend, nachdenklich, mit bedächtiger und gelassener Heiterkeit und Erkenntnisfreude. Er muß – und so ist das ja bei Josef Pieper – einfach, klar, verständlich, interessant, spannend und entspannend schreiben. Und er muß dabei möglichst viele Menschen erreichen: Darum setzt er nicht allein das Buch, sondern auch den Rundfunk, die Langspielplatte, das Fernsehspiel ein, und zwar mit empfindlichem Sinn für Überlieferungsverantwortung. Nicht gut zu schreiben: das wäre gewissermaßen unterlassene Hilfeleistung. Gut zu schreiben: das gehört zur Nächstenliebe; die gut geschriebene Philosophie wird zur leserfreundlichen Lebenshilfe aus fürsorglicher Zuwendung, aus *caritas*. Darum nenne ich Josef Piepers philosophischen Stil – ohne die Sicherheit, damit das richtige Wort dafür schon gefunden zu haben – den Stil als karitative Maßnahme. Ich schließe meine Überlegungen mit dem ultrakurzen Abschnitt:

4. *Positionen und Pointen*

Wer hat nun recht, Søren Kierkegaard oder Josef Pieper? Wer ist auf angemessenere Weise Philosoph als Schriftsteller: der, der – bremsend durch »indirekte Mitteilung« – die Menschen aus der Zustimmung zur Welt hinausschreibt, oder der, der – mit einer leserfreundlichen Philosophie – die Menschen in die Zustimmung zur Welt hineinschreibt? Aber wie soll ich das entscheiden? Ich bin – wie gesagt – Skeptiker: nicht lehrend, sondern günstigstenfalls lehrreich und ganz ungeeignet zum philosophischen Missionar. Ich kann das, was ich selber mache, nicht zum Maßstab für andere erklären.

Ich konstatiere also nur, daß mir selber früher Søren Kierkegaard näher war als Josef Pieper: Joachim Ritter hat es damals – mit gutem Grund – für nötig gehalten, mich vor Kierkegaard zu »retten«. Heute – seit ich erfahren habe, daß wir Menschen nicht so gut gestellt sind, um uns den Luxus der großen Verzweiflung wirklich leisten zu können – fühle ich mich Josef Pieper näher als Søren Kierkegaard, obwohl – die Zeit und den Ort seines Lebensstarts hat man sich ja nicht ausgesucht – ich nicht aus jenem Reichtum der Tradition leben kann, mit der Josef Pieper als Vorgabe auch der Philosophie rechnet. Die Notwendigkeit der Tradition – im Singular oder im Plural – habe ich inzwischen begriffen: Unser Leben ist kurz; darum haben wir nicht die Zeit, alles oder auch nur das meiste neu zu regeln und von vorn anfangen zu können; vorgegebene Üblichkeiten sind für uns unvermeidlich; Zukunft braucht Herkunft, denn – *vita brevis* – wir müssen an Traditionen anknüpfen. Und wer da zu wenig Traditionen hat, ist arm dran: Philosophisch reicht es bei ihm vielleicht nicht so recht zu einer Position, sondern allenfalls zu Pointen.

Doch muß es – ob nun mit Positionen oder mit Pointen – stets jene Philosophen geben, die Philosophie nicht nur für professionelle Philosophen schreiben. Gewiß braucht es auch in der Philosophie die anderen: die Spezialisten und fachesoterischen Experten. Aber es wäre wirklich nicht gut, wenn es in der Innung der Philosophen nur diese gäbe. Es muß notwendigerweise und hinreichend und zentral diejenigen geben, die Philosophie für alle schreiben: die Philosophen als Schriftsteller. Transzendentales Wolkentreten genügt dabei nicht: Die Philosophie muß – wenn auch noch so indirekt – z. B. zeitdiagnostische Gehalte haben und Lebenserfahrung verarbeiten, auch wenn das die rigoristischen Aprioristen schreckt, also jene reinen Philosophen, die ihre reine Philosophie streng nach dem Königsberger Reinheitsgebot von 1781 brauen. Auch im Fach Philosophie sind Fachflüchter wichtiger als Fachhocker; und am wichtigsten sind die, die zugleich hocken und flüchten. Philosophen, die Philosophie nur für Philosophen schreiben, agieren fast so absonderlich wie Sockenhersteller es täten, die Socken nur für Sockenhersteller herstellten. Sie werden in der Regel nicht einmal von Philosophen gelesen, so daß sie tatsächlich völlig angewiesen sind auf jene negativen Literaturpreise, die die Druckkostenzuschüsse sind: die Auszeichnungen fürs voraussichtliche Nichtgelesenwerden. Schreiben ist in der Regel primär eine Mitweltbelästigung; auch Philosophen sollten dafür Buße tun: durch Lesbarkeit. Dafür braucht es den Philosophen als Schriftsteller, wie Josef Pieper einer ist. So einer muß das Philosophieren »und« das Schreiben gut trainiert haben. Vermutlich kennen Sie die kleine Geschichte von dem, der in Berlin ankam und dort jemanden fragte: Wie kommt man hier zur Philharmonie?, und die Antwort erhielt: Üben, üben, üben! Ähnlich könnte man auch eine Geschichte erzählen über den, der irgendwo eintrifft und fragt: Wie kommt man hier zur Philosophie?, und dann die Antwort erhalten muß: Schreiben, schreiben, schreiben! Denn die Philosophie – das Alte – muß immer aufs neue auch geschrieben werden; sonst nämlich verlieren wir sie.

Anmerkungen

1 Vgl. O. Marquard, *Skepsis und Zustimmung,* Stuttgart 1994 (Reclams Universal-Bibliothek, 9334).

2 S. Kierkegaard, »Aus der Arbeit an der Rechenschaft«, in: S. K., *Gesammelte Werke*, hrsg. von E. Hirsch, 33. Abt., S. 153; vgl. S. 152–154.

Theoriefähigkeit des Alters

Schon eine Weile ist es her, da meinte ich: Eigentlich sollte ich spätestens am 31. Dezember 1999 sterben; denn die Nacht darauf, die wäre mir sicher zu laut. Doch wer wirklich alt wird, hat es nicht mehr so eilig. Darum kaufe ich mir inzwischen Ohropax: um ungestört in das neue Jahrtausend hineinschlafen und auf meinen 72. Geburtstag zuschlafen zu können. Unter dem Eindruck dieses Termins kommt es zwangsläufig zu Gedanken über das Alter: auch darüber, ob und wie die Bürden des Alters durch Erleichterungen des Alters ausgeglichen – kompensiert – seien. Dabei denke ich unter anderem an eine Entlastung, die man die Theoriefähigkeit des Alters nennen kann.

Theorie meint dabei in Anknüpfung an den ursprünglichen Wortsinn: Sehen und sagen, wie es ist. Theoriefähigkeit ist dementsprechend die Fähigkeit, illusionsresistent zu sehen und zu sagen: So ist es. Meine These ist hier: Alte Menschen sind in besonderem Maße theoriefähig; denn zum Alter gehört – mindestens – das Ende jener Illusionen, die durch Zukunftskonformismen entstehen.

Unsere gewisseste Zukunft ist unser Tod. Im Alter wird diese Zukunft immer aufdringlicher. Aber der Tod ist jene Zukunft, die besiegelt, daß wir keine Zukunft mehr haben. Zum Alter – der Lebensperiode des Zukunftsschwundes – gehört, daß es uns – aus zunehmendem Mangel an Zukunft – immer schwerer fällt, Zukunftsillusionen zu entwickeln und aufrechtzuerhalten. Eine der Zukunftsillusionen ist die Endlosigkeitsillusion: Die Zeit gehe endlos weiter, und wenn Zeit verstreiche, gebe es immer wieder neue. Das ist eine Illusion; denn in Wirklichkeit ist unsere Zeit Frist zum Tode, also endlich: Wir werden alsbald keine Zeit und keine Zukunft mehr haben. Eine andere Zukunftsillusion ist die

Vollendungsillusion: Unsere Zeit sei die Zeit für Vollendungen: für die Vollendung von Werken, für die Vollendung unseres Lebens, für die Vollendung der Menschheitsgeschichte. Auch das ist eine Illusion; denn wir sind alsbald ohne Rücksicht auf Vollendungen am Ende. Wir sind stets mehr unsere Endlichkeit als unsere Vollendungen; unsere Mortalität besiegt unsere Finalität; unser Tod ist stärker als unsere tagtäglichen Teleologien, als unsere Lebensteleologie, als die Menschheitsteleologie. Justament das Alter macht das evident.

Gerade Vollendungsillusionen verlangen auch vom Merken und Sagen Rücksicht darauf, ob es der zukünftigen Vollendung diene: der Aufgabenerfüllung, der Lebenserfüllung, der Geschichtsvollendung. Im Leben nehmen wir auf diese Zukünfte – mit futuralem Opportunismus, in zukunftstaktischem Gehorsam – Rücksicht; man erlaubt sich nur das zu merken und zu sagen, was die Vollendungen nicht gefährdet und die Handlungsfähigkeit nicht beeinträchtigt: was einem die Zukunft nicht allzu unangenehm macht, z. B. womit man nicht zu vielen Leuten (einschließlich unserer selbst) auf die Füße tritt. Unser Blick auf die Wirklichkeit ist darum illusionsbereit und illusionsanfällig, denn er ist durch unsere Zukunft bestechlich. Diese Bestechlichkeit nimmt mit zunehmendem Alter ab, weil wir immer weniger Zukunft haben und schließlich an jenem Ende sind, das kein Ziel ist: dem Tod. Ich mache – und versuche damit einen (zugegebenermaßen problematischen) erläuternden Vergleich – folgende Beobachtung: Als ich jünger war, war ich extrem schwindlig; schon wenn ich einen Maulwurfshügel betrat, zitterte ich vor Angst, hinunterzufallen. Offenbar nimmt diese Schwindligkeit, diese Absturzangst (jedenfalls bei mir) mit zunehmendem Alter ab, vielleicht deswegen: weil immer weniger Lebenszukunft abstürzen würde. Justament so mag es im Alter auch mit anderen riskanten Aktivitäten stehen und darum auch mit der Theorie: Sie muß auf immer weniger Zukunft Rücksicht nehmen; darum kann sie immer ungehemmter merken und sehen und sagen, was ist: vor allem auch das, was nicht in den Kram paßt.

Die Theorie – gerade auch die im Alter – ähnelt dadurch dem Lachen; denn auch sie ist – wie das Lachen – eine Kapitulation von Merkbornierungen vor der Wirklichkeit, also der Sieg des So-ist-es über das So-hat-es-zu-sein. Insofern ist gerade auch das Alter – in dem die zukunftsgehorsamen Merkbornierungen kapitulieren – insgesamt eine »Grenzreaktion« (Plessner), eine Art Aggregatzustand des Lachens: Denn auch das Alter ist als Verwandlung des Lebens in den Tod – wie nach Kant das Lachen – die »Verwandlung einer gespannten Erwartung in nichts«. Lachen und Alter sind so Überschreitungen der Grenzen der offiziellen Welt, also eine Art Emigration; und die Fähigkeit zum Lachen hat – wie die Theoriefähigkeit, insbesondere auch die des Alters – justament darum zu tun mit Bildung: Denn Bildung ist die Sicherung der Emigrationsfähigkeit. Wer nichts mehr will, gewinnt – kompensatorisch – die Fähigkeit, viel zu sehen. Man braucht sich der Sichträson der Lebens- und Handlungsnotwendigkeiten nicht mehr zu beugen, nicht mehr dem, was – in Zukunft – noch zu erledigen ist. Theorie ist das, was man macht, wenn nichts mehr zu machen ist. Das Alter ist jener Lebensabschnitt, in dem – aus zunehmendem Mangel an Zukunft – immer weniger und schließlich gar nichts mehr zu machen ist. Darum gehört zum Alter die Theorie: Das Alter ist in besonderem Maße theoriefähig.

Ich bestreite nicht: Diese Theoriefähigkeit – die Illusionsresistenz – des Alters ist nicht ungefährdet. Die Gefahr kommt unter anderem in liebenswertester Gestalt: durch die Enkel. Die Alten wollen an der Zukunft junger Menschen teilnehmen und mit ihnen noch einmal alles vor sich haben. Deshalb kommt es so leicht zur generationsüberspringenden Kumpanei zwischen Großeltern und Enkeln zu Lasten des elterlichen Realitätsprinzips. Später bedanken sich die Enkel durch Nostalgiewellen bei den Großeltern für das, was deren Generationsrolle war: für die Verwöhnung der Enkel, die der Versuch ist, an ihrer Zukunft teilzunehmen. Um sie zu verwöhnen, stecken die Großeltern – entgegen dem ja wenigstens zuweilen vernünftigen Verbot der Eltern – den jungen Enkeln süße Bonbons und den älteren Enkeln süße Weltanschauungen zu, jenes heimlich, dieses unheimlich: Die Rolle der Revoltiergreise – etwa Herbert Marcuses – als Anfeuerer der Studentenbewegung war dafür nur ein Beispiel. Ein anderes Beispiel war der alte Carl Schmitt, der das Gespräch gerade mit den Jungen – damals auch mit mir – suchte, um bei ihnen und in ihrer Zukunft als der präsent zu sein, der er gern gewesen wäre. Das alles ist der Versuch, durch die Enkel – als Mitläufer ihrer Aufgeregtheiten – jene Zukunft zu haben, die man selber nicht mehr hat. Auch dieser altersspezifischen Variante der Bestechlichkeit durch die Zukunft muß man im Alter widerstehen, wenn gelten soll: Das Alter – als Lebensabschnitt der Zukunftsverminderung – ist in besonderem Maße theoriefähig.

Im Alter schrumpft die eigene Zukunft gegen Null. Dadurch können die Zukunftskonformismen ebenfalls gegen Null schrumpfen: So können die Rücksichten nicht allein beim Hinsehen, sondern auch beim Sagen peu à peu entfallen. Alte Menschen können unbekümmerter nicht nur merken, sondern auch reden. Zuweilen verfügen sie über eine solide Schandmaulkompetenz. Man braucht im Alter keinen Mut mehr, um in Fettnäpfchen zu treten, weil man nicht mehr genug Zukunft hat, um wiedergetreten werden zu können. Außerdem ist die Rede der Alten Rede auf Abruf: Sie – die alsbald vergessen sein wird – hat weniger das Gewicht letzter Worte, viel mehr die Gewichtslosigkeit von Hinterlassenschaften mit nur noch begrenzter Haltbarkeit. Im Alter kann man das ausnutzen: Man kann ungehemmt merken und reden und schreiben und dabei das eigene Taktbedürfnis einschläfern und dadurch zuweilen schamlos offen sein. Auch das stärkt die Theoriefähigkeit des Alters. Ich verlasse mich, je älter um so mehr, auf das eigene Verschwinden und Verklingen und kann gerade dadurch ungehemmt sehen und sagen: So ist es. Meine Mitmenschen nämlich, denen ich das zumute, brauchen dafür jetzt keine kommunikativen Nehmerqualitäten mehr, sondern nur noch ein wenig Geduld; denn binnen kurzem sind sie mich los.

Textnachweise

Selbstvorstellung. (Vorstellung neuer Mitglieder: Odo Marquard.) – In: Deutsche Akademie für Sprache und Dichtung. Jahrbuch 1995. Göttingen: Wallstein, 1996. S. 189–190.

Homo compensator. Zur anthropologischen Karriere eines metaphysischen Begriffs. (Kolloquiumsvortrag des 12. Deutschen Kongresses für Philosophie am 3. 10. 1981 in Innsbruck.) – In: G. Frey / J. Zelger (Hrsg.): Der Mensch und die Wissenschaften vom Menschen. Bd. 1. Innsbruck: Solaris, 1983. S. 55–66.

Philosophie des Stattdessen. Einige Aspekte der Kompensationstheorie (1998/99). – Erstveröffentlichung.

Das Zeitalter des Ausrangierens und die Kultur des Erinnerns. (Vortrag bei der Podiumsdiskussion aus Anlaß des 70. Geburtstags von Bundesminister a. D. Dr. Oscar Schneider am 4. 6. 1997 im Haus der Geschichte der Bundesrepublik Deutschland.) – In: Museumsfragen. Kultur des Erinnerns. Bonn: Haus der Geschichte, 1998. S. 9–13.

Kompensationstüchtigkeit. Überlegungen zur Unternehmensführung im Jahr 2005. (Vortrag bei der Podiumsdiskussion des Instituts für Medienentwicklung und Kommunikation im Römer in Frankfurt a. M. am 7. 11. 1996.) – Gekürzt in: Tages-Anzeiger Zürich vom 21. 12. 1996. S. 2.

Narrare necesse est. (Einleitungsstatement zur Podiumsdiskussion »Die Zukunft der Erzählung« der Gesprächsreihe »campus 99« zum 80. Geburtstag des Bauhauses in Weimar am 29. 6. 1999 in der Bauhaus-Universität in Weimar.) – In: Die politische Meinung 362 (2000) S. 93–95.

Zukunft braucht Herkunft. Philosophische Betrachtungen über Modernität und Menschlichkeit. (Zuerst am 7. 12. 1988 bei der Eröffnung der Ausstellung »Medien der Zukunft – Zukunft der Medien« in Frankfurt a. M. gehaltener und mehrfach wiederholter Vortrag.) – In: Freiheit und Verantwortung. Festschrift für Hans-Wolfgang Pfeifer. Frankfurt a. M.: Keyser, 1991. S. 37–51.

Ende der Universalgeschichte? Philosophische Überlegungen im Anschluß an Schiller. (Festrede anläßlich des ersten Schiller-Tages der Friedrich-Schiller-Universität Jena am 29. 5. 1992 in Jena.) – In: O. Marquard: Ende der Universalgeschichte? Die Denkformen und die Gewaltenteilung. Jena: Universitätsverlag, 1992. S. 7–16.

Apologie der Bürgerlichkeit. (Vortrag am Institut für Philosophie der Universität Leipzig am 19. 10. 1994.) – In: A. Luckner (Hrsg.): Dissens und Freiheit – Kolloquium Politische Philosophie. Leipzig: Leipziger Universitätsverlag, 1996. S. 13–20.

Entlastung vom Absoluten. In memoriam Hans Blumenberg. (Vortrag bei der Gedenkstunde der Hansestadt Lübeck und des St. Petri Kuratoriums in der Lübecker Petrikirche am 28. 8. 1996.) – In: Lübeckische Blätter 14 (1996) S. 217–220.

Aufklärung mit Wirklichkeitssinn. Zum 70. Geburtstag von Hermann Lübbe. – In: Neue Zürcher Zeitung vom 31. 12. 1996. S. 31.

Der Philosoph als Schriftsteller. Bemerkungen über Søren Kierkegaard und Josef Pieper. (Vortrag bei der Vorstellung der Josef-Pieper-Gesamtausgabe am 28. 4. 1995 im Franz-Hitze-Haus in Münster.) – In: H. Fechtrup / F. Schulze / T. Sternberg (Hrsg.): Sprache und Philosophie. Münster: Lit, 1996. S. 9–22.

Theoriefähigkeit des Alters. – In: Frankfurter Allgemeine Zeitung. Nr. 273 vom 23. 11. 1999. S. 49. U. d. T.: Am Ende, nicht am Ziel. Mit dem Alter wächst die Lust zur Theorie. (Das Moses-Projekt 4.)

Biographische Notiz

Odo Marquard, geboren am 26. Februar 1928 in Stolp (Pommern)

1934–45	Schulbesuch in Kolberg (Pommern), Sonthofen (Allgäu), Falkenburg (Pommern) und als Luftwaffenhelfer bei Bremen
1945	Volkssturm, Kriegsgefangenschaft, dann in Norderney
1946	Abitur in Treysa (Hessen)
1947–54	Studium der Philosophie, Germanistik, evangelischen Theologie und katholischen Fundamentaltheologie sowie kunstgeschichtliche und historische Studien in Münster (Westf.) und Freiburg i. Br.
1954	Promotion zum Dr. phil. in Freiburg i. Br. (bei Max Müller)
1955–63	Wissenschaftlicher Assistent am Philosophischen Seminar der Universität Münster (bei Joachim Ritter)
1963	Habilitation und Privatdozent für Philosophie in Münster
Ab 1965	Ordentlicher Professor für Philosophie an der Justus-Liebig-Universität Gießen
1982/83	Fellow am Wissenschaftskolleg zu Berlin
1985–87	Präsident der Allgemeinen Gesellschaft für Philosophie in Deutschland
1993	Emeritierung
1994	Dr. phil. h. c. der Universität Jena
Seit 1995	Ordentliches Mitglied der Deutschen Akademie für Sprache und Dichtung

Sigmund-Freud-Preis für wissenschaftliche Prosa (1984); Erwin-Stein-Preis (1992); Ernst-Robert-Curtius-Preis für Essayistik (1996); Hessischer Kulturpreis für Wissenschaft (1997). – Hessischer Verdienstorden (1990); Bundesverdienstkreuz 1. Klasse (1995).

Veröffentlichungen von Odo Marquard

Bücher

Skeptische Methode im Blick auf Kant. Freiburg i. Br. / München: Alber, 1958. ^{3}1982.

Schwierigkeiten mit der Geschichtsphilosophie. Frankfurt a. M.: Suhrkamp, 1973. ^{4}1997. (stw 394.)

Abschied vom Prinzipiellen. Philosophische Studien. Stuttgart: Reclam, 1981 [u. ö.]. (Universal-Bibliothek. 7724.) – Engl. Ausg. 1990. Poln. Ausg. 1994.

Apologie des Zufälligen. Philosophische Studien. Stuttgart: Reclam, 1986 [u. ö.]. (Universal-Bibliothek. 8352.) – Engl. Ausg. 1991. Ital. Ausg. 1991. Poln. Ausg. 1994. Span. Ausg. 2000.

Transzendentaler Idealismus, romantische Naturphilosophie, Psychoanalyse. Köln: Dinter, 1987. ^{2}1988.

Aesthetica und Anaesthetica. Philosophische Überlegungen. Paderborn: Schöningh, 1989. ^{2}1994. – Ital. Ausg. 1994.

Skepsis und Zustimmung. Philosophische Studien. Stuttgart: Reclam, 1994 [u. ö.]. (Universal-Bibliothek. 9334.)

Glück im Unglück. Philosophische Überlegungen. München: Fink, 1995. ^{2}1996.

Herausgeber/Mitherausgeber

Historisches Wörterbuch der Philosophie. Hrsg. von J. Ritter und K. Gründer in Verb. mit […] Odo Marquard […]. Bd. 1 ff. Basel/ Stuttgart: Schwabe, 1971 ff. [Bisher ersch. Bd. 1–10.]

Identität. (Zus. mit K. Stierle.) München: Fink, 1979. (Poetik und Hermeneutik. 8.)

Plessner, H.: Gesammelte Schriften (Zus. mit G. Dux und E. Ströker.) 10 Bde. Frankfurt a. M.: Suhrkamp, 1980–85.

Anfang und Ende des menschlichen Lebens. Medizinethische Probleme. (Zus. mit H. Staudinger.) München/Paderborn: Fink/ Schöningh, 1987. (Ethik der Wissenschaften. 4.)

Ethische Probleme des ärztlichen Alltags. (Zus. mit E. Seidler und H. Staudinger.) München/Paderborn: Fink/Schöningh, 1988. (Ethik der Wissenschaften. 7.)

Medizinische Ethik und soziale Verantwortung. (Zus. mit E. Seidler und H. Staudinger.) München/Paderborn: Fink/Schöningh, 1989. (Ethik der Wissenschaften. 8.)

Einheit und Vielheit. XIV. Deutscher Kongreß für Philosophie Gießen, 21.–26. September 1987. (Unter Mitw. von P. Probst und F. J. Wetz.) Hamburg: Meiner, 1990.

Möglichkeiten und Grenzen medizinischer Forschung und Behandlung. (Zus. mit S. Manth.) Berlin/Wien: Blackwell, 1996. (Ex libris »Roche«. 4.)

Kontingenz. (Zus. mit G. v. Graevenitz.) München: Fink, 1998. (Poetik und Hermeneutik. 17.)